Ulrich Umbach

AUF DEN KNIEN DURCH DIE EIFEL

ULRICH UMBACH

Auf den Knien durch die Eifel

Ein Leben für Wald, Wild und Jagd

NEUMANN-NEUDAMM

Impressum

ISBN 978-3-7888-1863-0

3. Auflage 2017
Printed in Germany

Erschienen in der Edition Jägerleben im Auftrag des Verlages J. Neumann-Neudamm

c/o NJN Media AG
Schwalbenweg 1
D-34212 Melsungen

info@neumann-neudamm.de
www.neumann-neudamm.de

INHALTSVERZEICHNIS

GELEITWORT

Wir trafen uns zum ersten Mal weitab seiner Heimat, in den Hüttener Bergen. Hier hielt Ulrich Umbach ein Anschussseminar. Sachkundig und souverän demonstrierte er den dortigen Jägern, was alles im Augenblick des Schusses passiert, was sie aus Pirschzeichen lesen können und wann es ratsam ist, einen Spezialisten für die Nachsuche anzufordern. Eine eindrucksvolle und lehrreiche Veranstaltung. Für mich wurde ganz deutlich: Hier präsentiert sich nicht nur ein erfahrener Praktiker, hier steht auch jemand mit einer Botschaft. Und die lautet: Wichtigste Aufgabe des Jäger ist es, verantwortungsvoll mit dem Wild umzugehen. Am besten schon vor dem Schuss, aber vor allem dann, wenn der Schuss nicht im Leben sitzt.

Seit unserer ersten Begegnung im Norden von Schleswig-Holstein haben wir Kontakt gehalten. Ich habe Uli auf Nachsuchen in der Eifel begleitet und am eigenen Leib erfahren, welche Strapazen, welche Berg- und Talfahrten ein Nachsuchengespann in dieser Region aushalten muss. Die sind aber nicht nur körperlicher Art – die Gleichgültigkeit und Unkenntnis von Schützen ist manchmal nur schwer zu ertragen. Ich weiß nicht, ob ich an seiner Stelle immer so viel Abgeklärtheit an den Tag gelegt hätte! Das bewundere ich vor allem, weil bei genauem Hinschauen schon zu merken war, dass ihm vieles sauer aufstieß.

Schon damals habe ich ihn aufgefordert, seine Erfahrungen und Kenntnisse zu Papier zu bringen. Jetzt, nach seiner Pensionierung, ist es endlich geschehen. Ich habe bei der Durchsicht dieses Buches eine Menge gelernt. Und ich bin mir sicher, ganz viele Jäger, ob jung oder alt, können von diesen Erfahrungen etwas mitnehmen für die Praxis im Revier.

Im Kern geht es um die Nachsuchenarbeit auf Schalenwild. Immerhin mehr als 7000 über einen Zeitraum von rund 50 Jahren. Das ist spannend, nervenaufreibend, anstrengend, manchmal gefährlich und gar nicht so selten auch frustrierend. Voraussetzung für den Erfolg ist eine enge Bindung zum „Fährtenarbeiter", zum Schweißhund. Im Hause Umbach sind es keine Lohnarbeiter, sondern echte Familienmitglieder. Sicher eine ganz wichtige Voraussetzung für die herausragenden Leistungen auf der Wundfährte.

Wer, wie Ulrich Umbach, immer dann gerufen wird, wenn etwas schiefgegangen ist, bekommt zwangsläufig sehr häufig „die dunkle Seite der Jagd" zu sehen, wird schmerzhaft mit dem Leid des Wildes konfrontiert. Wie bei anderen Schweißhundführern auch wird das Bild vom fröhlichen Jagen getrübt. Es zeichnet den Forstmann aus der Eifel aus, diese Dinge nicht einfach resignierend hinzunehmen. Die erwähnten Anschussseminare, die Gründung einer Hegegemeinschaft zur waidgerechten Bejagung des Schwarzwildes oder seine jahrzehntelange Tätigkeit als Kreisjagdmeister sind nur einige Beispiele für sein Engagement.

Sein jagdpolitisches Bemühen richtet sich an die Jäger. Das Ziel ist eine anständige Behandlung des Wildes, um unnötiges Leid zu mindern.

Wenn die Wildtiere in der Eifel könnten, würden sie ihn mit Sicherheit zu ihrem Anwalt, ihrem Botschafter ernennen. Ich bin mir sicher, keine Auszeichnung wäre ihm lieber als diese.

Frank Rakow

VORWORT

Ich widme dieses Buch drei für mich bedeutenden Menschen in meinem Leben, die leider schon vor Jahren in die ewigen Jagdgründe vorausgegangen sind:

1. meinem Vater, von dem ich die Jagdpassion geerbt, das jagdliche Handwerk gelernt und die Liebe zur Natur erfahren habe;
2. meinem großen jagdlichen Vorbild Reinhold Tobian, der ein großer waidgerechter Jäger mit enormen Kenntnissen sowohl über Niederwild als auch über Sauen und Rotwild war. Darüber

Am Anschuss. Fred Carl und Verfasser © *Christian Wilisch*

hinaus beherrschte er meisterhaft die Führung von Hunden, insbesondere im Feld, und inspirierte mich mit all seinen Kenntnissen und seiner jagdlichen Einstellung;

3. meinem väterlichen Freund Helmut Adamczak, dessen Jagdphilosophie und ethisch ausgerichtete Praxis für mich prägend und verpflichtend zugleich waren.

MEINE HEIMAT

Hier bin ich geboren, hier hab' ich gelebt." Die Eifel, sie ist Teil des linksrheinisch gelegenen Schiefergebirges, eine Mittelgebirgslandschaft, die im Osten durch den Rhein und im Süden durch die Mosel begrenzt wird. Im Norden endet die Eifel im Raum Aachen und im Westen geht sie in die belgischen Ardennen über. Im Süden begrenzen sie die reizvollen und steilen Hängen des Moseltals und im Osten neigt sich der Höhenrücken sanft zum Rhein.

Die wellige Hochfläche wird als Rumpfhochland bezeichnet, dessen höchste Erhebungen mit etwa 700 Metern „Hohe Acht", „Ernstberg", „Hochkelberg" oder „Schwarzer Mann" heißen.

Eifellandschaft am Abend

Die Höhendifferenzen dieser Landschaft liegen zwischen 250 und 700 Metern. Entsprechend steil sind daher auch so manche Berghänge, die wegen der Unbebaubarkeit mit landwirtschaftlichen Geräten in den vergangenen Jahrhunderten von Wald bedeckt wurden.

Der Norden der Eifel gehört politisch zum Land Nordrhein-Westfalen, der größere südliche Teil zum Land Rheinland-Pfalz.

Einzelne Landschaften innerhalb der Eifel werden noch mal unterteilt in Südeifel, Vordereifel, Schneeeifel oder Vulkaneifel. Letztere liegt im zentralen Kern dieses Mittelgebirges, deren Entstehung mit starkem Vulkanismus, der bis vor etwa 10 000 Jahren aktiv war, verbunden ist. Deutlich sichtbare Zeichen dieser bis in die jüngste Erdgeschichte aktiven Vulkanausbrüche sind die großen Vorkommen von abbaufähigem Lavagestein, aber auch die weltweit einzigartigen Kraterseen, die sogenannten Maare. Sie werden auch als die Augen der Eifel bezeichnet.

Die Eifel ist eine waldreiche Landschaft. Auf rund 40 Prozent der Fläche wachsen mehr oder weniger üppige Laub- und Nadelholzwälder, die vielen Wildarten einen idealen Lebensraum bieten. Rot-, Schwarz-, Reh- und Muffelwild sind die hauptsächlich vorkommenden Schalenwildarten. Rheinland-Pfalz erreicht bezogen auf die Landesfläche die höchsten Abschusszahlen aller Bundesländer.

Ach ja, und dann gibt es auch noch die in den Ausläufern der Eifel hin zur Mosel und auch zur Ahr gelegenen Weinanbaugebiete, meist in Steillagen des Rheinischen Schiefergebirges. Diese Weinanbaugebiete wurden in weiten Bereichen während der letzten Jahrzehnte extensiviert. Viele Weinberge werden nicht mehr bewirtschaftet und damit auch nicht mehr gepflegt. Man sagt, sie wurden aufgelassen. Hier bildeten sich als natürliche Sukzession ausgedehnte Schwarzdornverhaue, gepaart mit Brombeeren, dem Stockausschlag verschiedenster Holzarten und hin und wieder auch dicht wachsendem Ginster. Dies sind bevorzugte

Einstände für das in den letzten Jahrzehnten permanent zunehmende Schwarzwild und auch häufig Rückzugsgebiete für kranke und verletzte Sauen.

Nein, dies ist nicht die Geschichte eines Raumpflegers, Fußballtorwartes oder auf den Knien arbeitenden Handwerkers. Hier erzähle ich die Geschichte oder, präziser gesagt, Episoden aus dem Leben eines Menschen – Förster, Jäger und Schweißhundführer –, dessen Lebensinhalt bestimmt wurde durch Jagd, Forst und von der Sorge um einen anständigen Umgang mit den uns anvertrauten Tieren, sowohl Haus- als auch Wildtiere.

Geboren in eine bis ins 18. Jahrhundert zurückgehende Jäger- und Försterdynastie, waren Wald, Wild und Hunde ausschlaggebende Elemente für die Prägung meines gesamten Lebens. Heute, da ich beginne, Teile dieses Lebens niederzuschreiben, liegen 65 Lebensjahre, über 7 000 Nachsucheneinsätze und der Umgang mit ungezählten Jägern und Jagdscheininhabern hinter mir.

Wenn der Liebe Gott es zulässt, dann kommen vielleicht ein paar Jahre dazu, in denen sicher noch ein paar Nachsuchen, Erlebnisse und Begegnungen jagdlicher Art anfallen.

JUGENDJAHRE

Ich saß neben Papa – nicht auf dem Sofa oder auf seinem Schoß – nein, auf einer Sitzfläche, die aus sechs bis sieben nebeneinander genagelten Rundhölzern bestand und die in luftiger Höhe am Waldrand in einer Buche als offener Hochsitz eingebaut war. Vier Jahre mochte ich alt gewesen sein, ich erinnere mich ganz entfernt. Der Ruf des Waldkauzes flößte mir recht viel Angst ein und ich schmiegte mich fest an den grünen väterlichen Loden. Ja, mein Vater war ein großer Jäger, für mich überhaupt der allergrößte. Und auch seine Brüder gingen alle hochpassioniert der Jagd nach.

Verfasser als vierjähriger Junge mit Vater (rechts) und Jagdgästen

Es waren die Nachkriegsjahre. Mein Vater und auch zwei meiner Onkels hatten durch glückliche Umstände trotz des Waffenverbotes durch die französische Besatzungsmacht bereits wieder die Genehmigung zum Führen von Jagdwaffen. Im Herbst 1945 wurde in jedem Kreis der französischen Besatzungszone ein sogenanntes Jagdkommando zur Bekämpfung des Schwarzwildes aufgestellt, denn die Schäden hatten für die verarmte Landbevölkerung existenzbedrohende Ausmaße angenommen. Das Jagdkommando bestand aus zwölf erfahrenen einheimischen Jägern, von denen eine Person zum Jagdleiter bestimmt wurde.

Es hatte die ausschließliche Aufgabe, den durch die Kriegsjahre stark angewachsenen Schwarzwildbestand zu dezimieren. Damals gab es in den Eifeldörfern vorwiegend Kleinbauern. Sie hatten zwei, drei Kühe und betrieben Landwirtschaft auf Kleinstfeldern. Wenn diese auch noch von den Sauen aufgearbeitet wurden, ging's wirklich ans Eingemachte. Elektrozäune gab es noch keine. Viele Landwirte wussten sich nicht anders zu helfen, als ihre Hofhunde samt Hundehütte an den jeweils gefährdeten Äckern über Nacht zu postieren. Aber auch diese Maßnahme war – wie mein Vater wusste – nur bedingt wirkungsvoll. Nach seinen Erzählungen soll es so gewesen sein, dass morgens oft der Hund nicht mehr da war, die Sauen aber in der Nacht fleißig die Feldfrüchte geerntet hatten.

Mein Vater war ein toller Erzähler. Fasziniert hörte ich seinen Geschichten zu. Auch wenn ich den Ausgang immer schon kannte, es wurde mir nie langweilig. Seine Schilderungen waren immer mit einem gehörigen Anteil von Witz, Ironie und manchmal auch Sarkasmus gespickt.

Doch zurück zum Jagdkommando. Diese Truppe musste ganzjährig zweimal in der Woche, und zwar jeweils Donnerstag und Sonntag, eine Drückjagd durchführen. Termin und Einsatzort wurden monatlich durch den Leiter des Kommandos nach dem Eingang von Anträgen der einzelnen Ortsbürgermeister festgelegt. Die Ortsgemeinde, in der die Drückjagd stattfand, musste die

Treiberwehr stellen. Dass damals jagdethische Grundsätze nicht im Vordergrund standen, versteht man nur aus der Situation der damaligen Zeit. So wurden selbst im Frühling und Sommer Drückjagden angesetzt. Die Ernährung der Bevölkerung hatte oberste Priorität!

Wenige Mitglieder des Jagdkommandos bekamen auch die Erlaubnis, die Einzeljagd auf Schwarzwild auszuüben. Einer der wenigen war mein Vater. Reviergrenze war das Kreisgebiet, ein wahrlich großes Jagdrevier! Begrenzt wurde seine Jagdausübung aber dadurch, dass er damals kein Fahrzeug besaß, sodass er vorrangig im Umfeld unseres Heimatortes jagte. Unmittelbar vor unserem Heimatdorf liegt ein größerer Staatswaldbezirk. Mein Vater jagte auch hin und wieder in diesem Bereich.

Wenn er damals dem zuständigen Revierbeamten dort begegnete, bedeutete dies verständlicherweise für den Forstmann, der lediglich mit dem Reishaken und Spazierstock unterwegs sein durfte, kein freudiges Ereignis. Daraus erwuchs eine Aversion, von der auch ich im späteren Leben noch einiges zu spüren bekam.

Mein Vater erlegte in den „Jagdkommando-Jahren", die von 1945 bis 1950 dauerten, etwa 500 Stück Schwarzwild. Er war ein guter Schütze. Fünf Schuss, fünf Sauen, das war nicht selten das Ergebnis, wenn Papas Büchse gesprochen hatte. Diese Büchse war übrigens ein sehr markantes Gewehr. Es hatte einen Krüppelschaft mit starkem Schrank, sodass er rechts anschlug und mit dem linken Auge zielte. Wie er an dieses Gewehr kam, das ist eine ganz eigene Geschichte:

Als der Krieg zu Ende ging und zuerst die amerikanischen Truppen unsere Heimat besetzten, gab es natürlich sofort für alle Deutschen ein absolutes Waffenverbot. Schusswaffen mussten abgegeben werden. Im Besitz meines Vaters befanden sich aber mehrere wertvolle Gewehre, wie zum Beispiel ein Sauer & Sohn-Drilling mit separater Kugelspannung, Schaftmagazin, Seitenschlossen und einigen anderen Extras. Diese Waffe hatte mein

Großvater 1913 für den damals unglaublichen Preis von 500 Mark erworben. Für eine gute Kuh zahlte man damals 180 Mark.

Diesen Drilling und einige andere Gewehre hatte mein Vater im Wald in einer Tonne versteckt. Da in unserem Wohnhaus aber auch damals schon viele Trophäen hingen, war das Augenmerk der Alliierten sofort auf unser Anwesen gerichtet und es fanden mehrere Durchsuchungen statt. Jeweils ergebnislos.

Im Herbst 1945 erhielt mein Vater dann ein Schreiben der französischen Kommandantur aus Daun – natürlich in Französisch verfasst, was mein Vater nicht selbst übersetzen konnte. Die Übersetzung vollzog der Dorfschullehrer Mühlhaus, bei dem ich später eingeschult wurde. Mein Vater wurde aufgefordert, am nächsten Tag in Daun auf der Kommandantur mit Waffe zu erscheinen. Er werde als Mitglied des Schwarzwildbekämpfungskommandos einberufen.

Mein Vater witterte eine Finte der Besatzer, um an seine Waffen zu kommen. Aber was wäre, wenn dieser Brief doch ehrlich gemeint war? Er musste der Aufforderung folgen, ohne den Verlust des teuren eigenen Drillings zu riskieren.

Irgendwo in der Werkstatt seines Schmiedebetriebes lagen – natürlich auch gut versteckt – noch System und Lauf eines K98-Karabiners. Es fehlte nur der Schaft. Sofort begab Vater sich zum örtlichen Schreiner. S., der Schreiner – in damaliger Zeit nicht üppig mit Holz ausgestattet – hatte nur eine krumme Buchenbohle für diesen Zweck zur Verfügung. „Die passt gut", lautete Vaters Einschätzung. „Wir machen daraus einen Linksschaft." Sein rechtes Auge hatte eine verminderte Sehschärfe. In Jugendjahren hatte es ein Splitter infolge der Laufdetonation eines Gewehres verletzt. Gesagt, getan! In der Nacht wurde der Schaft gezimmert und an Lauf und System des K98 montiert. Am nächsten Morgen erschien mein Vater mit diesem Gewehr auf der Kommandantur und wurde für das Jagdkommando verpflichtet. Also doch keine Finte!

Wenn ich später Menschen aus der damaligen Zeit traf und sie wissen wollten, aus welcher Umbach-Sippe ich denn stamme, dann kam immer die Antwort: „Der Sohn von dem mit dem krummen Gewehr!“

Sauenjagd – um sie drehte sich alles in meiner frühesten Kindheit. Vielleicht habe ich auch etwas von dem Blut eines Saujägers mitbekommen, denn sie haben mich von allen Wildarten besonders interessiert, fasziniert und ergriffen. Sauen begleiteten mich durch mein Leben, ich werde noch einiges davon berichten.

Ja, und dann waren da unsere Hunde. Es gab zeitweise viele in und um unser Haus. Als Dreijähriger soll ich oft in den Hütten zwischen Dachsbracken, Terriern und Mischlingen gelegen haben. Aus den Erzählungen meiner Mutter weiß ich, dass ich mir dabei auch den einen oder anderen Schmiss eingefangen habe.

Ein Hund aus dieser Zeit ist mir in besonderer Erinnerung geblieben. Das war unser *Seppel,* der das Privileg hatte, im Haus leben zu dürfen. Er war der letzte Überlebende aus der Jagdkommandozeit und hatte durch die damals vielen Einsätze einen ungeheuren Erfahrungsschatz, vor allem was den Umgang mit Sauen anging.

Seppel war ein Kreuzungsprodukt, eine Promenadenmischung. Seine Vorfahren waren mir nicht bekannt, es war wohl etwas Bracke drin, eventuell auch etwas Terrier, aber so genau war das nicht abzulesen. Das war auch nicht so wichtig. Fest stand nur, *Seppel* war für unseren, oder besser gesagt für meines Vaters Gebrauch, ein Superjagdhund. Er war kohlrabenschwarz, weshalb es mich heute noch wundert, dass er nicht mal mit einer Sau verwechselt wurde, hatte ein Stockmaß von etwa 40 cm und trug die Rute gekringelt wie ein Waldhorn.

Seppel war ein Saufinder. Aber er musste auch die Nachsuchen durchführen und ist, nach damaligen Maßstäben gemessen, ein toller Schweißhund gewesen. Naja, aus heutiger Sicht würde ich das etwas anders beurteilen, aber für die damalige Zeit und nach Auffassung und Meinung meines Vaters und anderer Jäger war *Seppel* wohl das Maß aller Dinge. Er wurde 18 Jahre alt und starb nicht etwa im jagdlichen Einsatz oder eines natürlichen Todes, sondern wurde unglücklicherweise vor unserem Haus von einem Trecker überfahren.

Neben *Seppel* gab es noch *Max* und *Stroppi*, zwei braune Dachsbracken. Sie wurden sowohl zur Stöber- als auch zur Baujagd eingesetzt.

Im Jahr 1950, mit Wiedererlangung der Jagdhoheit, pachtete mein Vater den gemeinschaftlichen Jagdbezirk Sarmersbach, ein Revier mit einer Größe von 520 Hektar. Es war und ist heute noch ein wunderschönes Eifelrevier, das von wenig frequentierten Straßen durchzogen ist. Hier gab es alle Wildarten, von Fuchs über Hirsch bis Hasen und Rebhühner. Dieses Revier wurde meine jagdliche Heimat. Hier kannte ich später jeden Baum und jede Hecke, jeden Quadratmeter!

Im Revier gab es 14 Fuchsbaue, Naturbaue, die teilweise aber auch vom Dachs bezogen waren. Ab Ende Januar stand immer Bodenjagd im Vordergrund der jagdlichen Aktivitäten. *Max* und *Stroppi* waren passionierte Baujäger. Transportiert wurden die beiden Kämpfer immer im Kofferraum unseres Autos der Marke Opel Rekord. In der Nähe eines Baues angekommen, wurde der Kofferraum geöffnet und heraus stürmten beide Hunde. Sie kannten keine Leine und im Schweinsgalopp ging es zum nahe gelegenen Bau, den die Hunde aus dem Effeff kannten. Ich sehe Vater und die anderen Begleiter heute noch immer im Laufschritt den Hunden nacheilen, damit der Fuchs nicht schon seine Behausung vor der Ankunft der Jäger verlassen hatte.

Baujagd war eine der interessantesten Jagdarten. Auch hier gilt es, Verhaltensregeln einzuhalten. Die Windrichtung musste beachtet werden und keiner durfte über das Röhrenlabyrinth laufen. *Stroppi* und *Max* revidierten alle Röhren. War kein Fuchs zu

Hause, schlieften sie gar nicht erst ein. Dann musste man schnell sein mit dem Einfangen, denn sonst machten sie sich selbstständig auf den Weg zum nächsten Bau. Gehorsam war für sie ein Begriff, von dem sie noch nie etwas gehört hatten.

Mit so manchem Dachs fochten sie harte Kämpfe aus und nicht selten trugen sie schwere Kampfspuren davon. Dann wurde meistens selbst genäht, mit Jodsalbe eingerieben und nach wenigen Tage ging's auf zum nächsten Baujagdeinsatz.

So ab meinem 13. oder 14. Lebensjahr, wenn ich mit Vater allein unterwegs war, führte ich auch schon mal unsere Hahnflinte im Kaliber 16. An einem Nachmittag schoss ich mit Vater einmal vier Füchse am Bau. Es war eine spannende und herrliche Jagd, an die ich mich heute noch gern erinnere.

Der abrupte Abbruch bzw. das Ende dieser Jagdart kam, als im Jahr 1964 in unserem Revier der erste Tollwutfall bei einem Fuchs festgestellt wurde. Es zog eine Epidemie übers Land, die auch auf andere Wildarten und Haustiere übertragen wurde. In der Folge wurden diverse Bekämpfungsstrategien gegen den Fuchs entwickelt. Eine dieser heute kaum noch nachvollziehbaren Maßnahmen war die Vergasung der Fuchs- und damit zwangsläufig auch der Dachsbaue. Die Fuchspopulation wurde durch Krankheit und Bekämpfung quasi auf Null reduziert, das Dachsvorkommen gleichzeitig fast vollständig vernichtet.

Davon profitierte der Hasenbesatz. Mein Vater führte eine genaue Streckenstatistik. Im Jahre 1965 schossen wir in unserem Eifelrevier genau 100 Hasen, aber keinen Fuchs mehr. Hier zeigte sich, wie stark sich Prädatoren auf den Hasenbesatz auswirken.

Und noch eine Jagd ist mir aus meinen Jugendjahren in bester Erinnerung. Es war die Streife über die Stoppeläcker und zahlreichen kleinen Kartoffel- und Rübenäcker auf Rebhühner. Wir hatten ein gutes bis sehr gutes Hühnerrevier. Im September eines jeden Jahres streiften wir über die Felder. Oberförster Koch aus Meisbrück, ein Freund meines Vaters und zuständiger Förster

Juli 1964: Verfasser als 14-jähriger mit Vater und erstem DD Hasso

eines der damals besten Rotwildreviere im Salmwald, freute sich jedes Jahr, wenn er kurz vor der Hirschbrunft in unserem Revier auf Hühner jagen konnte.

Ja, wie hat sich die Zeit oder besser gesagt die Umwelt verändert. Wenn ich heute von unseren Hühnerjagden in Sarmersbach erzähle, werde ich von manchem Jäger ungläubig angesehen, denn das Rebhuhn ist aus unseren Revieren fast vollständig verschwunden – an Bejagung gar nicht mehr zu denken. Die wenigen noch vorhandenen Ketten in der Eifel müssen wir hegen und pflegen. Bestrebungen, sie aus dem Jagdrecht zu nehmen, würden den Hühnern auch das Interesse und damit der Hege der Jäger entziehen.

Die Hühnersuche wurde damals sehr unprofessionell mit unseren vorhandenen Hunden *Max*, *Stroppi* und *Seppel* durchgeführt. Als Junge wuchs in mir der Wunsch, bei diesen Jagden einen großen Vorstehhund zu führen und mit ihm diese Jagdart im klassischen Stil auszuüben.

Verfasser mit 14 Jahren und Seppel

MEIN ERSTER HUND

Das Lokal „Fries-Porz“ war der Treffpunkt der Jäger in unserer fünf Kilometer entfernt gelegen Kreisstadt Daun. Der Wirt, selbst Jäger und Freund meines Vaters, hatte einen guten amerikanischen Jagdfreund mit Namen Eppi. Wie er weiter hieß, habe ich nie erfahren. Eppi war ein großer, gut Deutsch sprechender Amerikaner, Angehöriger der alliierten Streitkräfte, die auf den in der Nähe gelegenen Flugbasen Bitburg und Spangdahlem stationiert waren.

Bei Fries-Porz trafen sich auch die meisten anderen einheimischen Jäger. Wenn mein Vater in der Kreisstadt zu tun hatte, dann ging die Fahrt auf dem Rückweg selten an „Porzen Franz“, wie mein Vater ihn nannte, vorbei, ohne kurz anzuhalten, auf ein, zwei Glas Bier. Und meistens traf man auch den ein oder anderen Jäger. Fasziniert lauschte ich dort den Erzählungen der alten Waidmänner. Sie redeten von „dicken Sauen“, „starken Böcken“ oder „gesprengten Füchsen“, von Nachsuchen und Treibjagden.

Meine Ohren waren groß, ich konnte gar nicht genug kriegen von all den tollen Schilderungen der Alten. Irgendwann, ich war gerade 14 Lenze geworden, wurde wieder einmal am besagten Lokal angehalten. Einige Jäger waren wie immer anwesend, unter ihnen auch Jagdfreund Eppi. Er war aber nicht allein. Neben ihm saß ein stolzer, großer Deutsch-Drahthaar-Braunschimmel.

Zwischen diesem Rüden und mir entwickelte sich gleich eine große Sympathie. Er legte seinen Kopf auf meinen Schoß und ich kraulte ihm die Ohren, was er genüsslich mit einem wohlbehaglichen Grummeln erwiderte. Es war ein Funke übergesprungen, die Zuneigung beruhte auf Gegenseitigkeit.

Eppi berichtete, dass er den zweijährigen Hund von einem in die USA zurückversetzten Kameraden übernommen habe. Da er ihn aber aus dienstlichen Gründen nicht selber halten könne, suche er einen neuen Besitzer. Die Aussage, dass er den Hund abgeben wollte, war meine Chance. Sofort bedrängte ich Vater, den Hund zu übernehmen. Papa ließ sich breitschlagen und gab mir als Voraussetzung für die Übernahme den entscheidenden Auftrag: „Du musst diesen Hund vorrangig auf Schweiß ausbilden!“ So fuhren wir um einen Hund reicher und ich im Himmel des Glücks zurück nach Darscheid, unseren Wohnort. Ich hatte meinen ersten Hund!

Er hieß *Hasso* und die Papiere für ihn sollten wir nachgereicht bekommen. Sie kamen aber nie bei uns an. Das war uns aber damals auch nicht so wichtig!

Hasso, mein Freund, *Hasso,* mein Vertrauter.

Hinter unserem Haus stand eine Scheune. Hierhin verkrümelte ich mich oft mit meinem neuen Freund. Ich sprach mit ihm, teilte mit ihm meine Freude, aber auch meine Sorgen. Ich hatte immer das Gefühl, er hört mir zu. Ob er auch alles verstand, weiß ich nicht. Aber wenn er mich anschaute, wusste ich, was er wollte und was er meinte. Erstmals erfuhr ich, dass ein Hund es immer so meint, wie er einen anschaut. Das ist bei Menschen leider nicht immer so.

Freverts „Rominten“ hatte ich bereits in meiner frühen Jugend gelesen. Mein Vater bezog regelmäßig die Jagdzeitschrift „Wild & Hund“. Ich verschlang diese Lektüre und las besonders gern alle Artikel, die mit Nachsuche und Hundeführung zu tun hatten. Ich wusste, wie der Hund auf Schweiß eingearbeitet werden sollte. So legte ich los und tupfte mit einem halben Glas voll Schweiß die ersten Kunstfährten für meinen neuen Begleiter.

Ich habe als Ausbilder und auch als Verbandsschweißrichter in den späteren Jahren ungezählte Fährten für verschiedenste Hunde gelegt, an die ich mich im Einzelnen nicht mehr so erinnern kann wie an die ersten Tupffährten für meinen *Hasso*. Ich legte und er arbeitete sie – immer wieder und immer schwieriger. Ich verlängerte die Strecke und die Stehzeit und stellte fest, von Woche zu Woche wurde mein Rüde besser. Stolz präsentierte ich meinem Vater eine solche Arbeit und war voller Begeisterung überzeugt, den besten Schweißhund der ganzen Eifel zu haben.

In der Tat war meine Schweißarbeit im Vergleich zu dem, was damals in unserem Umfeld praktiziert wurde, unvergleichlich spektakulär. So begann ich als Vierzehnjähriger auch, die ersten wirklichen Nachsuchen mit meinem Hund durchzuführen. Es waren überwiegend Rehe und hier besonders Rehböcke, mit denen ich meine Schweißhundführertätigkeit begann. Ich weiß noch, wie ich den ersten laufkranken Bock zur Strecke brachte. Ich konnte vor Stolz kaum noch gehen! Mit der blanken Waffe nickte ich ihn ab, so wie mir Vater es oft gezeigt und ich es an toten Rehen häufig geübt hatte. Das Messer zielsicher zwischen die Wirbel Atlas und Dreher angesetzt und damit blitzschnell den Tod herbeigeführt.

Intensive Untersuchung des Anschusses © *Christian Wilisch*

Meine Nachsuchenergebnisse sprachen sich schnell in der heimischen Jägerschaft rum. So kam es, dass ich auch zunehmend von Jägern anderer Reviere angefordert wurde. Sie holten mich sogar ab, wenn mein Vater mich einmal nicht bringen und begleiten konnte. Besonderen Stress bekam ich immer dann, wenn ich Sonntagmorgen zur Nachsuche musste, wir aber am Mittag unser Fußballspiel hatten. Ich war begeisterter Kicker und spielte von der E-Jugend an bis zum Beginn meiner Berufsausbildung in verschiedenen Vereinsmannschaften.

Die Nachsuche auf eine der ersten Sauen begann gleich mit Körperkontakt. Im Nachbarrevier war ein Überläufer beschossen worden. Ich wurde mit Vater zur Nachsuche gebeten. Mein *Hasso* wurde zur Fährte gelegt. Die Sau war in eine bürstendichte Fichtendickung, die von tiefen Gräben durchzogen war, eingewechselt. Ich folgte meinem fest im Riemen liegenden Deutsch-Drahthaar. Vollkommen unverhofft schoss die Sau in einem der tiefen Gräben unter einer stark beasteten Fichte heraus und nahm Hund und mich sofort an.

Ich konnte mich gerade noch die Grabenwand hinauf retten – laut nach meinem Vater rufend, der mich außerhalb der Dickung flankierend begleitete. Ich hatte keine Waffe und *Hasso* hing samt Riemen an der Sau. Vater stürmte in Sorge um seinen Filius wohl überhastet in die Dickung und rutschte genau oberhalb der Sau die Grabenböschung hinunter.

Blitzschnell hatte die Überläuferbache ihn erkannt, bekam meinen Vater am Schienbein zu fassen und biss ihn durch Hose, Gamaschen und Strümpfe bis auf den Knochen. Er warf sich geistesgegenwärtig auf die Sau und saß in bester Reitermanier auf ihr. Mit den Händen hielt er den Schwarzkittel an den Tellern fest und rief mir zu, ich solle das Messer aus seiner Tasche holen. Das war nicht so einfach. Das einfache Klappmesser steckte in seiner Hosentasche und die Sau versuchte natürlich mich zu attackieren, wenn ich mich näherte. Meine Sorge war, dass Vater sie nur ja gut

Hasso – mein erster Hund

festhielt. Es gelang mir schließlich, ans Messer zu kommen und damit nach den väterlichen Anweisungen die Sau abzufangen, was mit dem kleinen Messer gar nicht so einfach war.

Die Wunde an Vaters Schienbein war recht groß und musste ärztlich versorgt werden. Er hat recht lange daran laboriert. Obwohl er viele Sauen und darunter eine ganze Anzahl stattlicher Keiler erlegt hatte, war es das erste Stück, das ihm eine Verletzung zugefügt hatte.

Hasso war auch ein guter Stöberhund. Manchen Hasen schoss mein Vater vor ihm. An Sauen wurde mit ihm nicht so häufig gejagt, denn es gab in den Sechzigerjahren in unserem Landkreis nicht sehr viele Schwarzkittel. Die Jahresstrecke des Landkreises lag bei 250 bis maximal 500 Stück. Die Streckenergebnisse sind für mich heute noch greifbar, da ich sie in den Unterlagen, die bei mir als Kreisjagdmeister gelagert sind, nachlesen kann. *Hasso* wurde leider nicht sehr alt, bereits im Jahr 1966 wechselte er in die ewigen Jagdgründe.

MEIN BERUF, MEINE BERUFUNG

Nie hatte ich einen anderen Wunsch als den, Förster zu werden. Es waren glückliche Umstände, die mir diesen Traum erfüllten. Die Ausbildung sah damals noch so aus: Nach der Mittleren Reife und Aufnahmeprüfung für den gehobenen Forstdienst folgte ein einjähriges Lehrjahr, dem sich dann zwei Jahre Forstschule und drei Jahre Anwärterdienst anschlossen.

Der erste starke Keiler des jungen Verfassers am 17. August 1968 (110 kg)

Die Jägerprüfung hatte ich mit 16 Jahren als Bester abgelegt und jagte fortan erst einmal mit Jugendjagdschein. Somit war ich auch schon zu Beginn meiner forstlichen Lehre Jagdscheininhaber. Meinem damaligen Lehrherrn, dem Forstamtsrat Julius G. in der Revierförsterei Himmerod, war meine mitgebrachte Jagdpassion offenbar nicht besonders sympathisch, denn in das Jagdgeschehen dieses herrlichen Forstreviers wurde ich erst mal nicht eingebunden.

Ihm war sehr wohl bekannt, dass ich bei meinem Vater und meinem Wahlonkel Julius, der auch ein Revier gepachtet hatte und bei dem ich während der Schulzeit mein zweites Zuhause hatte, für mein jugendliches Alter schon viel gejagt und viel Wild erlegt hatte.

Doch irgendwann, vielleicht hatte mein Lehrherr einen besonders guten Tag, meinte er, er wolle doch mal sehen, ob ich überhaupt gut schießen könne. Er drückte mir seine Bockbüchsflinte mit einer Schrotpatrone in die Hand und meinte, ich solle mich unterhalb des Forsthauses am kleinen Fluss Salm postieren. Auf diesem Bach, der sich in zahlreichen Mäandern durch das Wiesental schlängelte und rechts und links von Erlen und Haselnüssen gesäumt wurde, tummelten sich stets einige Schofe Stockenten.

Der Plan war, dass Lehrherr G., etwa 300 Meter unterhalb beginnend, längs des Baches ging, um dadurch die Enten hochzumachen, die dann erfahrungsgemäß, dem Talverlauf folgend, über mich hinweg fliegen würden. Gesagt, getan. Die Enten gingen hoch, kamen mir über Kopf, und ich feuerte die einzige Patrone los. Kurz darauf erschien mein Lehrherr: „Na, hast du eine?“, war mehr oder weniger seine ironische Frage.

„Ja“, antwortete ich, ging ein kleines Stück in die Wiese, bückte mich und rief: „Eins, zwei, drei!“ und hielt drei Enten hoch.

Der Schof war aufgestiegen und in der dicht fliegenden Formation hatten meine Schrote gleich drei Erpel zu Boden fallen lassen. „Den Seinen gibt’s der Herr im Schlaf“, höre ich heute noch seine Worte und in der Folge war Jagd vorerst wieder für mich vom Dienstplan gestrichen. Im Laufe des Jahres verbesserte sich unser Verhältnis aber deutlich. Ich habe hier und da dann auch in meiner Lehrzeit etwas mitjagen dürfen, bis zu meinem vollendeten 18. Lebensjahr selbstverständlich nur in Begleitung.

Zu Hause sah das damals anders aus. Meinen ersten Rehbock erlegte ich im „reifen" Alter von elf Jahren! Heute hängt er an einem besonderen Platz und wenn ich ihn an der Wand sehe, ist mir die Erlegungsgeschichte immer noch sehr präsent.

Zu Hause gab es eine einschüssige Kipplaufbüchse mit einem kleinen 2,5-fachen Zielfernrohr. Ursprünglich handelte es sich um ein Kleinkalibergewehr mit der Patrone .22 lfB. Mein Bruder hatte das Patronenlager aber aufgebohrt und auf das Kaliber .22 Magnum erweitert.

Das Gewehr hatte eine hervorragende Präzision. Mit ihm durfte ich die ersten Kaninchen unter Anweisung meines Vaters auf dem Ansitz erlegen.

Mein größter Traum war die Erlegung eines Fuchses. Am 26. Juli 1961 setzte mein Vater mich abends auf einem Hochsitz ab und ließ die .22 Magnum bei mir (ich will es mal so umschreiben) mit der Bemerkung: „Wenn ein Fuchs kommt, kannst du ihn schießen."

An diesem Abend ließ sich Reineke aber nicht blicken. Ich lauerte als elfjähriger Knirps voller Erwartung im Wald auf dem offenen Hochsitz in einer Buche, das Gewehr an den Querholmen angelehnt. Es war ein wunderbarer Sommerabend. In den Tagen vorher hatten wir die ersten Böcke treiben sehen. Vor mir hangaufwärts lag zwischen den Buchen-Altholzbeständen eine wenige Jahre alte Fichtenkultur. Im halben Hang, auf etwa 80 Gänge, zog plötzlich ein Rehbock in die Kulturfläche. Er hatte hoch auf, trug ein gut verecktes Sechsergehörn und ich dachte, dass ich diesen Bock doch auch gut schießen könne. Ich nahm die Büchse, zielte mit der Unbeschwertheit der Jugend auf den

Träger und drückte ab. Im Knall brach der Bock zusammen und rührte sich nicht mehr.

Ich weiß heute noch, wie stark mich dann die Aufregung beutelte. Ich stieg vom Hochsitz, nahm natürlich das Gewehr mit, und kurz darauf stand ich vor dem verendeten Rehbock. Genau auf der Mitte des Trägers perlten aus dem kleinen Einschusskanal ein paar Tropfen Schweiß. Ich schleppte meine erste Schalenwild-Beute an den Rand der Aufforstungsfläche und versteckte sie unter den Zweigen einer bis auf den Boden beasteten Randbuche.

Ich trug damals eine Baschlikmütze, an die ich mir selbst einen Fichtenbruch steckte. Daran erinnere ich mich heute noch genau. Die innere Unruhe trieb mich voran durch den Wald bis an den Feldrand. Das Büchsenlicht schwand allmählich, aber Vater war noch nicht da, um mich abzuholen. Da sah ich am Wald-Feldrand eine Person auf mich zukommen. Blitzschnell ließ ich Gewehr und Mütze mit Bruch in einer Hecke verschwinden und ging ihr entgegen. Beim Näherkommen erkannte ich meinen Onkel Adam, Vaters Bruder, der auch im Revier zum Ansitz draußen war, was ich aber nicht wusste.

„Was läufst du denn schon wieder hier herum und vergrämst das ganze Wild?“, wurde ich von ihm angefahren. Meinen Schuss hatte er offensichtlich nicht gehört.

„Ich habe einen guten Bock gesehen“, antwortete ich.

„Du siehst immer gute Böcke! Erzähl doch nicht immer solche Märchen!“, entgegnete er unwirsch.

„Wenn du willst, kannst du ihn noch sehen!“, stachelte ich ihn an.

„Als wenn der Bock jetzt noch da wäre“, wiegelte der alte Jäger ab, kam aber trotzdem mit.

Auf dem Weg zum Hochsitz in der Buche passierten wir natürlich auch das Versteck mit Gewehr und Mütze. Onkel Adam ging voran, ich folgte ihm und zog, von ihm unbemerkt, das Gewehr aus der Hecke und setzte die Mütze mit Bruch auf. Am Hochsitz

Mein erster Bock

angekommen, leuchtete er die Fläche mit dem Glas ab. Er konnte natürlich keinen Bock entdecken, drehte sich dann zu mir um, sah Gewehr und Hutschmuck und es fiel ihm offensichtlich wie Schuppen von den Augen: „Sag nur, du Lausert, hast einen Bock geschossen!“

Wenige Augenblicke später standen wir vor meinem ersten Bock, den Onkel Adam dann aufbrach. Irgendwann traf auch mein Vater ein. Er reagierte, wie Väter reagieren müssen, wenn Kinder etwas Verbotenes tun, war aber im Innersten stolz und wusste, dass ich in seinen Fußstapfen wandeln würde.

Noch vor Antritt im Lehrrevier 1967 hatte mein Vetter Reini einen Wurf Deutsch-Drahthaar aus seiner Hündin *Edda vom Moorblick* und dem Rüden *Bachus vom Ostpreußenland* gezogen. Sein Zwinger bekam den Namen *vom Umbachs-Hof.* Aus diesem Wurf durfte ich mir einen Welpen aussuchen. *Arras* wurde von mir geführt und später dann auch ins Deutsche Gebrauchsstammbuch aufgenommen.

In der Gegend von Himmerod zog es in diesen Tagen immer wieder jemanden raus auf die Felder. Ein junger Forstlehrling bereitete seinen Hund auf die Jugendsuche vor. In den spärlich mit Niederwild besetzten Jagdbezirken hatte ich von den an den Staatswald angrenzenden Revieren die Erlaubnis, meinen Hund in Suche, Vorstehen und Hasenspur zu trainieren. Davon machte ich intensiv Gebrauch und lief tagtäglich über die staubtrockenen Äcker und Saaten. Was interessierten mich die Studentenunruhen in den wilden 68-ziger Zeiten?! Meine Sorge galt dem guten Abschneiden meines Rüden *Arras vom Umbachs-Hof* bei der Jugendsuche.

Im Raum Thür-Niedermendig am Laacher See fand die VJP statt. *Arras* legte eine hervorragende Hasenspur hin, verfolgte weit über den Horizont den Hasen und bekam für diese Arbeit doch nur ein „gut“ am Ende der Prüfung. Ich weiß noch, wie sehr ich enttäuscht war und das Urteil der Richter infrage stellte.

Sie gaben mir auch keine Gelegenheit, weitere Hasenspuren zu arbeiten. So erlebte ich erstmals, wie es ist, wenn man ungerecht beurteilt wird. Als Rechtfertigung bekam ich zur Auskunft, ich sei ja ein Erstlingsführer und sollte mit einem 2. Preis mehr als zufrieden sein.

Ich habe lange mit dieser Fehlentscheidung gehadert, wollte damals aber, weil ich zu jung und unerfahren war, keinen Protest einlegen. Für meine spätere Richtertätigkeit im Jagdgebrauchshundverband war diese Erfahrung aber wegweisend. Ich richte immer so, wie ich selbst auch bewertet sein wollte. *Arras* wurde durch alle Verbandsprüfungen geführt. Auf der VGP erzielte er einen 1. Preis.

Arras kam nur zeitweise mit zur Forstschule nach Trippstadt. Er lebte in diesen zwei Jahren überwiegend bei meinem Vater. Die Zeit danach führte mich in verschiedene Forstämter der Eifel. Zeitweise betreute ich vertretungsweise auch den Stadtwald von Trier. Es zog mich aber zurück in die nähere Umgebung meiner Heimat.

Glückliche Umstände verschlugen mich im Jahr 1975 ins Forstamt Kelberg. Vier Wochen sollte ich dort die vakante Försterei vertretungsweise betreuen. Aus diesen vier Wochen wurden letztlich fast genau 40 Jahre. Der Ort wurde zu meiner neuen Heimat und der meiner Familie. Hier, unmittelbar angrenzend an mein geliebtes Jagdrevier Sarmersbach, sollte ich mein berufliches und privates Leben über die längste Zeit meines Lebens verbringen. Es war damals nicht mein Plan Aber so, wie es kam, war es am Ende gut und das hatte viele Gründe.

ZUFALL ODER VORSEHUNG

In Prüm, wo ich vertretungsweise das Forstrevier Rommersheim betreute, erreichte mich am 13. Oktober 1975 die Mitteilung der Forstdirektion, dass ich zum 15. Oktober nach Kelberg versetzt werde. Ich solle mich auf dem Forstamt in Kelberg zum genannten Datum melden. Ein Kollege aus dem Prümer Raum hatte Tage zuvor die Revierförsterprüfung bestanden und ihm hatte man offensichtlich die Zusage gegeben, in der Nähe seiner Heimat den Revierdienst anzutreten.

Das kam mir nicht ungelegen! Wir hatten mit unserer damals noch einzigen Tochter Ulrike in Daun unsere Wohnung und Kelberg lag näher als Rommersheim. Aber ein anderer Umstand weckte mein besonderes Interesse: Mein Schulfreund Günter war bereits seit über einem halben Jahr im Forstamt Kelberg tätig. Er betreute dort die Nachbarförsterei. Mein Vorgänger war plötzlich verstorben.

Günter und ich saßen bereits auf dem Gymnasium in einer Schulklasse nebeneinander. Oft waren wir beide nach dem Schulunterricht ins Revier meines Vaters gezogen. Ich nahm die Flinte mit, Günter spielte den Treiber und wir drückten kleinere Feldgehölze oder Dornenhecken auf Fuchs und Hase mithilfe meines Drahthaar *Hasso* durch. Günter machte ebenfalls noch vor Eintritt in den Forstberuf den Jagdschein. In unserer Ausbildungszeit waren wir oft zeitgleich im selben Lehrgang an der Forstschule zusammen – und nun kamen wir ins gleiche Forstamt! Er hatte mir schon seit Monaten in den Ohren gelegen, ich solle doch sehen, dass ich nach Kelberg käme, denn da säße ein großer Hundemann als Forstamtsleiter, sein Name Uwe Tabel!

Für jeden Gebrauchshundemann war bereits damals der Name Dr. Carl Tabel ein Begriff. Er galt als einer der großen Jagdkynologen und hatte einige Bücher verfasst, darunter auch den Klassiker „Der Jagdgebrauchshund“. Einer seiner Söhne fungierte nun als Forstamtsleiter in Kelberg.

Ich hatte das wahnsinnige Glück, die Familie Tabel kennenzulernen und von ihrem profunden Wissen über Hunde und deren Führung sehr zu profitieren. Forstlich hatte ich in Uwe Tabel einen hervorragenden Chef mit großem waldbaulichen Wissen und hervorragenden Führungsqualitäten. Zwar hatte ich es nicht immer einfach unter ihm, aber ich habe nie mehr einen Menschen getroffen, der so klar und konsequent Privates und Dienstliches trennen konnte.

Wir haben zusammen gearbeitet und zusammen Hunde ausgebildet, geführt und jagdlich eingesetzt. Wir haben Hundeabführungsmethoden entwickelt und in Perfektion vorgeführt, wie zum Beispiel das Verharren auf der Wundfährte bei der Riemenarbeit. Wir haben jagdliche Ethik gelebt und gelehrt, wir haben vor allem das Bewusstsein und die Kenntnisse über ordnungsgemäß durchzuführende Nachsuchen in die Jägerschaft getragen. In diesen gemeinsamen Jahren haben wir zusammen mit einigen Schweißhundeführern dieses Raumes, zu denen auch Bernd Krewer, Helmut Nielen und Werner Pietzsch gehörten, das Nachsuchenwesen, das bislang – wenn überhaupt – nur in den traditionell gut besetzten Rotwildrevieren ordentlich umgesetzt wurde, als wichtigen Bestandteil der waidgerechten Jagd manifestiert.

Ich fühle mich heute noch als eines der letzten Ziehkinder des legendären Jagdkynologen Dr. Carl Tabel. Unter seiner Leitung habe ich im Jahr 1981 anlässlich der Verbandsschweißhundprüfung „Pfälzerwald“ erstmals jagdlich interessierten Zuschauern in einem Beiprogramm zur Prüfung an authentisch hergestellten Anschüssen Zusammenhänge und Folgerungen bezüglich der Nachsuche erklärt.

Mit diesen Demonstrationen war der Grundstein für mehr Aufklärung und Information über Folgen schlechter Schüsse und die Wichtigkeit ordnungsgemäßer Nachsuchen gelegt. Es war die Geburtsstunde der sogenannten Anschussseminare. Sie wurden und werden heute noch von zahlreichen Nachsuchenführern kopiert. In den Folgejahren habe ich diese Art der Aufklärung und Schulung in weiten Teilen des In- und Auslandes betrieben und dabei interessante Begegnungen mit vielen Menschen verschiedenster Nationalitäten gehabt.

Der DD-Zwinger *vom Kanonenturm* war unter Hundeleuten, insbesondere den Vertretern großer Vorstehhunde, ein Begriff. Züchter dieses Zwingers war mein Chef im Forstamt Kelberg. Als ich im Herbst 1975 dort den Dienst antrat, befand sich mein *Arras* bereits im 9. Feld. Im Zwinger *Kanonenturm* kündigte sich im Frühjahr 1977 ein neuer Wurf an. Aus diesem T-Wurf wollte ich mir den Nachfolger für meinen *Arras* aussuchen.

TREU VOM KANONENTURM

Im Leben hat man einen Hund, der etwas ganz Besonderes ist, der außergewöhnliche Leistungen zeigt – einfach den Lebenshund! Ein solcher Hund war mein *Treu.* Auch andere Hunde in späteren Jahren wurden ganz besondere Begleiter, jeder auf seine Art. Ich werde darüber noch berichten.

Mit *Treu* ging es gar nicht glücklich los. Keine zwei Stunden hatte ich den acht Wochen alten Welpen am Vatertag 1977 übernommen, die Kinder spielten mit ihm im Garten auf dem Rasen. Plötzlich Schreien der Kinder, Klagen des Welpen! Was war passiert? Die Tochter eines befreundeten Ehepaares war auf den

Treu vom Kanonenturm

Welpen gefallen, mit ihrem Knie wohl genau auf die Keule. Der rechte Hinterlauf hing ziemlich unkontrolliert am Hund. Unser Tierarzt und Freund Kurt stellte wenig später in seiner Praxis fest, dass der Oberschenkelknochen gebrochen war. Da eine Behandlung dieses Bruches durch ihn nicht möglich war – der Knochen musste genagelt werden – ging es so schnell wie möglich in die Tierklinik nach Trier. Hier wurde der Knochen des Hündchens mit einer Schraube fixiert. In den ersten Wochen danach war der kleine Hund in unserer Wohnung kurz angebunden. Er sollte den Lauf möglichst wenig belasten. Zum Lösen trug ihn einer der Familie jeweils nach draußen.

Diese Schraube wurde nie mehr entfernt, die OP war damals weitaus teurer als der Welpe.

Ich glaube, dass der Hund diese Mühen, die die ganze Familie mit ihm am Anfang hatte, tausendfach belohnen wollte. Seine Geschichte wäre schnell erzählt, wenn man die in seinem Leben unglaublichen Leistungen weglassen wollte, denn *Treu* wurde nur sechs Jahre alt. Aber alles der Reihe nach:

Die Schweißarbeit war das zentrale Anliegen in meiner gesamten Hundearbeit. Auch *Treu* wollte ich zu einem Schweißhund machen, ohne all die anderen jagdlichen Anlagen, die ein Vorstehhund mitbringen sollte, zu vernachlässigten. So bereitete ich ihn konsequent auf diese Aufgaben vor und führte ihn auf VJP, HZP und VGP. Bei letzterer holten wir einen I. Preis mit 331 Punkten und waren Prüfungsbeste.

Mit diesem Hund hatte ich die von Uwe Tabel und mir entwickelte Verharrmethode gearbeitet. Ich hielt den Hund, wenn ich wissen wollte, ob er richtig ist, mit dem Fragekommando an: „Ist das verwund“? Wenn der Rüde Nasenverbindung zur Fährte hatte, blieb er wie ein Sägebock stehen. Dazu muss man natürlich einen Hund mit ausgeprägtem Vorwärtsdrang und Finderwillen am Riemen führen. Diese Methode habe ich später noch oft auf jagdkynologischen Veranstaltungen demonstriert.

Selbstverständlich wurde *Treu* auch zur Verbandsschweißhundprüfung angemeldet. Wir machten sowohl den Prüfungssieger auf der 20-Stunden- als auch auf der 40-Stunden-Fährte. Die 40 Stunden alte Fährte auf der Verbandsschweißprüfung „Pfälzerwald" war mit über 50 Litern Wasser pro Quadratmeter total verregnet.

Wir bewältigten sie in bestechender Form und verewigten uns damit in der Siegerliste dieser VSwP. Aber es war nur der prüfungsmäßige Nachweis, dass dieser Hund fährtentreu und -sicher war.

Das war aber nur die eine Seite dieses außergewöhnlichen Hundes. In der damaligen Zeit fuhr ich im Herbst zu der ein oder anderen Niederwildjagd bei Freunden am Niederrhein. *Treu* suchte, stand vor und apportierte geschossene und geflügelte Hähne, als ob er in seinem Leben nichts anderes getan hätte. Die dortigen Jäger wollten nie glauben, dass dieser Hund seinen Haupteinsatz in der Eifel hatte.

Auch Enten bejagten wir in diesen Jahren hin und wieder. In Schleswig-Holstein lebt mein Freund Achim, der dort einen Eigenjagdbezirk mit einer wunderbaren Wasserfläche besitzt. Allein wegen der Entenjagd war die Reise in den Norden alle Mühen wert. Was haben wir für tolle Entenstriche und Jagden hier erlebt. Jagdlich besonders erlebnisreich war für mich immer die Nachsuche auf verletzte Enten am nächsten Morgen, bei der ich mit meinem Hund zeigen konnte, was er im Wasser und Schilf draufhatte.

In der Eifel waren die Niederwildbesätze, sprich Hühner und Hasen, Anfang der Siebzigerjahre eingebrochen. Schwarzwild gab es noch nicht überall, aber in den traditionell bekannten Schwarzwildrevieren wurde den Borstigen in diesen Jahren vornehmlich bei Schneelage auf kleinen, ad hoc angesetzten Drückjagden nachgestellt. Die Sauen wurden vormittags meist durch versierte Jagdaufseher oder Forstbeamte gekreist und mittags um 13 oder 14 Uhr traf sich die telefonisch zusammengerufene Jägerei, um den Sauen auf die Schwarte zu rücken.

Solche Jagden gehörten bei Schneelage zum fast täglichen Ritual. Die Waldarbeiter hatten eine winterliche Ruhepause (offiziell hieß das „winterliche Arbeitsunterbrechung") und wir Forstbeamten konnten auch mal ein paar Stunden am Tag der Schwarzwildjagd nachgehen. Büroarbeiten ließen sich auch erledigen, wenn es dunkel war!

Eine dieser Jagden im Revier Niederstadtfeld ist mir noch in sehr guter Erinnerung geblieben:

Der Kollege Knauer hat wieder einmal Sauen gekreist. Sie stecken in einem langen Schwarzdornverhau, rings umgeben von offenem Gelände. Ernst Knauer ruft an und bittet mich, auf jeden Fall *Treu* mitzubringen. Wegen der Undurchdringlichkeit des Einstandes sei eine Jagd ohne den Hund zwecklos.

Um 14 Uhr trifft sich eine wohl zwanzigköpfige Jägerkorona an der Kneipe von Karl Trosdorf. Nach gemeinsamer Besprechung und Einteilung der Schützen rücken wir aus. Ich postiere mich mit *Treu* oberhalb des Dornenkomplexes und schnalle den Hund, nachdem das Treiben abgestellt ist. Da der Wind günstig steht – *Treu* hat mir schon vorher signalisiert, dass er die Sauen in der Nase hat – dauert es keine Minute, bis der erste kurze Standlaut, der dann sofort in Hetzlaut übergeht, zu vernehmen ist. Es knallt zweimal, der Hundelaut verstummt kurz, um dann wieder innerhalb der Hecke zu ertönen. Wieder Hetzlaut, wieder Schüsse, kurz darauf erneut Laut innerhalb des Einstandes und wieder Hetzlaut, Schüsse. Das Ganze wiederholt sich zwölf Mal.

Elf Stück Schwarzwild liegen, nachdem der Hund nicht mehr in der Hecke laut wird und offensichtlich keine Sau mehr steckt. Alle Sauen haben auf der Keule den Nachweis des Hundekontaktes. Der Rüde hat eine nach der anderen einzeln aus der Rotte abgesprengt und vor die Schützen gebracht. Jedes Mal, wenn der Schwarzkittel lag, drehte der Rüde ab und nahm sich in den Dornen die nächste Sau vor.

Bei einem Anschuss liegen Knochensplitter vom Lauf, dieses Stück muss also noch nachgesucht werden.

Die Jäger versorgen das erlegte Wild und begeben sich zum Ausgangspunkt in das Lokal von Karl, während ich mit zwei Helfern die Nachsuche beginne. Das ist nun wirklich kein Spaziergang! Die kranke Sau hat Dornenkomplex für Dornenkomplex angenommen. Durch jeden Schwarzwildtunnel geht's am langen Riemen mit *Treu* auf der Fährte, häufig im Kriechgang. Wir folgen der Fährte über die erste Reviergrenze. *Treu* liegt fest im Riemen, wobei man festhalten muss, dass diese Fährtenarbeit wegen der Kürze der Standzeit keine sonderliche Herausforderung ist.

Wie meistens bei Laufschüssen versucht auch diese Sau möglichst weit weg zu kommen. Aus meiner heutigen Nachsuchenstatistik lässt sich ablesen, dass die durchschnittliche Fluchtdistanz bei solchen Verletzungsarten rund 3,5 km beträgt.

Eifelwinter – Sauentreiben. Schützen werden zum Stand gebracht

Wir kommen erst im übernächsten Revier Weidenbach zu einem Dickungskomplex, in dem der Hund anzeigt, dass sich die Sau unmittelbar vor uns befinden muss. *Treu* wird geschnallt. Hetzlaut, Standlaut, dann Klagen des Stückes. Der Drahthaar hat zugepackt! Mit dem Waidblatt gelingt es mir, die laufkranke Sau abzufangen. Ein Mitjäger hat sein Fahrzeug nachgezogen und so gelangen wir mit einsetzender Dunkelheit zurück an den Treffpunkt, wo die meisten Jäger noch fröhlich den Erfolg der nachmittäglichen Jagd feiern. Groß ist die Freude, als wir dann noch die zwölfte Sau präsentieren.

Der „Oberstadtfelder Kopf" ist eine Höhe vulkanischen Ursprungs, unmittelbar am Ort Oberstadtfeld gelegen und großflächig mit Schwarzdorn bestockt. Die zusammenhängende Größe wird sicher 10 Hektar überschreiten. Auch hier wäre eine Drückjagd ohne *Treu* zur Aussichtslosigkeit verdammt. Also erscheine ich zur verabredeten Jagd mit meinem Hund. Es dauert nicht lange bis zum ersten Standlaut, aber hier ist es nicht so einfach, die Sauen vor die Schützen zu bringen.

Trotzdem fallen immer wieder einzelne Schüsse und als nach zwei Stunden die Jagd beendet ist, liegen wohl ein halbes Dutzend Sauen. Aber es wird auch von zwei Anschüssen berichtet, von denen die Stücke in den Verhau zurückgeflüchtet sind.

Während sich die Jägerschar zum fröhlichen Ausklang ins Wirtshaus begibt, beginne ich die Nachsuche auf die beiden angeschweißten Stücke. Das ist hier wahrlich nicht einfach! Ins Treiben hinein, in dem vorher noch Sauen hin und her gehetzt wurden, wo sicher auch jetzt noch die ein oder andere Sau steckt, folge ich, meist auf allen Vieren kriechend, mit *Treu* der Wundfährte.

Irgendwo innerhalb des Dornenbereiches gibt der Hund am Riemen laut, er will geschnallt werden. Hetzlaut – Standlaut! Ich kämpfe mich nach vorn, muss natürlich aufpassen, dass mich nicht die Sau überrollt. Doch es gelingt mir, an den Bail heranzukommen und in einem günstigen Moment den Fangschuss anzutragen.

Helfer bergen die Sau, während ich versuche, so schnell wie möglich zum nächsten Anschuss zu gelangen.

Hier etwa der gleiche Ablauf. Die Sau steckt, aber – Gott sei Dank – nicht mehr im Hauptteil des Treibens, sondern sie hat sich in einem kleineren Schwarzdornverhau außerhalb eingeschoben. Auch dieses Stück lebt noch, wird schnell von meinem Rüden gestellt und erhält von mir den Fangschuss. Die Freude ist groß, als wir kurze Zeit später mit beiden Sauen die feiernde Jägerschar erreichen!

Treu war ein phänomenaler Hund. Der große Hundekenner Dr. Carl Tabel sagte einmal zu mir: „Einen solchen Hund hat man höchstens einmal im Leben!" *Treu* war ein „Allround-Spezialist". Er war so vielseitig einsetzbar und das unmittelbar nacheinander. Jeder Nachsuchenführer weiß, dass Hetze und Stöbern der Riemenarbeit nicht unbedingt förderlich sind. Bei der Hetze verfolgt der Hund überwiegend das Stück Wild mit hoher Nase. Bei der Riemenarbeit ist aber die tiefe Nase unbedingt erforderlich. Außerdem ist Schweißarbeit, mit Ausnahme vielleicht von kurzen Totsuchen, Spezialistenarbeit.

Treu wurde aber, und dies mit den Jahren immer perfekter, zu einem der besten Riemenarbeiter. Wirklich ein Ausnahmehund! Oft haben wir, als niemand mehr bei der Nachsuche weiterkam, als letztes eingesetztes Team das Stück doch noch bekommen.

Mit *Treu* habe ich 230 Stücke Rehwild, 154 Stück Schwarzwild und 29 Stück Rotwild auf der Nachsuche zur Strecke gebracht. Es waren nicht immer erschwerte Nachsuchen und das ein oder andere Stück lag nicht weit vom Anschuss. Aber aus welchen Gründen auch immer, hatten die Jäger vor Ort es nicht gefunden.

Beeindruckend war ebenso sein Todverweisen. Das beherrschte er in Perfektion. An der Halsung trug er immer sein Bringsel. Das Bringselverweisen ist in der Ausbildung einem gut und sicher apportierenden Hund nicht schwer beizubringen. Einen Hund allerdings nach Hetze und Niederziehen eines kranken Stück Rehwildes noch dazu zu veranlassen, sein Bringsel aufzunehmen und zum Führer zurückzukehren, um den wiederum zum verendeten Stück zu führen, das ist schon hohe Schule. *Treu* beherrschte genau das! Ungezählte Böcke hat er gehetzt, niedergezogen und ist dann mit Bringsel zurückgekehrt, um mir anzuzeigen, wo der Verfolgte liegt. Das war beeindruckend und hat manchen Jäger damals an wahre Wunderdinge glauben lassen.

Treu führte ich außerhalb der Nachsuche nie an der Leine. Er folgte mir frei bei Fuß. Zu jedem Ansitz begleitete er mich. Er legte sich unaufgefordert an der Leiter ab, sobald ich diese bestieg, und es konnte jedes Stück Wild unmittelbar an ihm vorbeiwechseln, er hob höchstens mal den Kopf, hätte aber nie seinen Platz verlassen – bis auf eine Ausnahme:

Es ist ein schöner Maimorgen. Ich führe einen Jagdgast auf einen Rehbock. Am Ende des Morgenansitzes, bei dem nichts Erwähnenswertes geschieht, unternehmen wir noch einen Pirschgang entlang der Reviergrenze. *Treu* begleitet uns frei bei Fuß wie immer. Plötzlich wechselt uns in hohem Bestand flüchtig ein Stück Rehwild an und wir erkennen auch sofort die Ursache. Im Hang trollt eine Rotte Sauen, die es offensichtlich hochgemacht hat. Der Bock passiert uns auf etwa 100 Meter. Blitzschnell schießt *Treu* an mir vorbei und beginnt lauthals den Bock zu hetzen. Ich schreie ihm noch hinterher, er lässt sich davon aber nicht beeindrucken.

Die Hetze ist bald nicht mehr zu hören. Ich glaube, zum Schluss noch das Klagen eines Rehs zu vernehmen. Ich bin erst mal außer mir! Suche nach Erklärungen gegenüber dem Jagdgast, als ich *Treu* am Hang auf der Rückfährte auftauchen sehe. Er trägt sein Bringsel im Fang, sieht uns, dreht, bleibt immer wieder stehen – wie es seiner einstudierten Art des Zurückführens entsprich. Um den Hang herum, der Hund immer im Abstand von vielleicht 30 Meter vor mir, führt uns *Treu* zu „seinem Bock“, der mit gekonntem Drosselgriff abgetan vor uns liegt.

Rehwildnachsuche. Treu hat mit Drosselgriff einen laufkranken Bock gefangen

Laufkranker Frischling wird nach kurzer Hetze von Treu und Edda gehalten

Der erste Blick löst bei mir das Rätsel um das ungewohnte Verhalten meines Hundes. Der Bock hat einen verkrüppelten linken Vorderlauf, offensichtlich durch eine alte Schussverletzung. Hunde sind ausgesprochen gute Bewegungsseher. Ganz offensichtlich hatte *Treu* den anormalen Bewegungsablauf bei diesem Bock sofort erkannt. Für ihn war aus der Erfahrung bei unseren Nachsuchen klar, dass er dieses Stück verfolgen musste. So kam es, dass *Treu* den ersten Bock erlegt, der ganz alleine seinem Können, Jagdtrieb und seiner Erfahrung zuzuschreiben war. Es gäbe noch viele Episoden über diesen außerordentlichen Hund zu berichten, sie allein könnten ein ganzes Buch füllen.

DER 23. OKTOBER 1983

Es gibt Tage, an denen scheint die Sonne, an denen ist keine Wolke am Himmel. Dennoch sind solche Tage rabenschwarz! Ein solcher Tag war der 23. Oktober 1983, ein Sonntag!

Vorausgegangen ist eine sternenklare Vollmondnacht. So hell, dass man ohne Lampe Zeitung hätte lesen können. Ich sitze mit meinem Freund Bruno gemeinsam auf dem Hochsitz in seinem wunderbaren Revier Weidenbach. Wir haben stundenlang zwei Rothirsche auf einer Wildäsungsfläche vor. Am Rand dieser Fläche befindet sich auch eine Schwarzwildkirrung.

Nachdem die Hirsche sich schon eine Zeit lang in der Nähe der Kirrung aufhalten, taucht ein junger Keiler auf, etwa 75 kg schwer. Der Jungspund beginnt nun, die Hirsche immer wieder aus der Nähe der Kirrung zu vertreiben. Er hetzt sie zum Teil wie ein Hund. Es ist ein amüsantes Schauspiel, das wir beide voll genießen. Mit diesem wunderschönen Erlebnis fahre ich nach Hause, schon in der Gewissheit, dass nach einer solchen Nacht, in der viele Jäger mit Sicherheit auf Sauen ansitzen, Nachsuchen anfallen werden.

Dies tritt dann auch so ein! Morgens melden sich kurz hintereinander vier verschiedene Revierinhaber und Jäger, die mich zur Nachsuche bitten. Die Einsätze werden bei mir grundsätzlich in der Reihenfolge, wie die Meldungen eingehen, abgearbeitet.

Die erste Suche ist in einem Revier in der Nähe meines Wohnortes. Ein Frischling, vielleicht schwacher Überläufer, ist in der Nacht beschossen worden. Knochenteilchen am Anschuss! Ich begebe mich so schnell wie möglich in Begleitung eines Jungjägeranwärters, der bei mir in der Ausbildung ist, zum vereinbarten Treffpunkt. Ich will möglichst frühzeitig fertig sein, damit die nächsten Jäger mit ihrer Nachsuche nicht so lange warten müssen.

Der Anschuss bestätigt die beschriebenen Pirschzeichen: Laufschuss. Fährtenabdrücke lassen sich wegen des trockenen Bodens nicht feststellen. Ich will zuerst die Arbeit mit meiner Hannoverschen Schweißhündin *Edda vom Lützelsoon* beginnen. Da aber momentan *Treu* mein zuverlässigerer Hund ist und ich möglichst schnell die Nachsuche beendet haben will, nehme ich doch den Rüden nach vorn.

Vorausschicken muss ich, dass er wenige Wochen zuvor bei einer Nachsuche geschlagen worden ist. Er hatte eine lange Wunde über das Brustbein beim Stellen eines mittelstarken Keilers erhalten. Die Fäden der Wundnaht sind gerade gezogen worden. Im Winter hatte ihn ein Keiler erwischt. Ich fand ihn damals mit aufgeschlitzter Bauchdecke, Teile des Darmtraktes hingen offen heraus. Zum Glück war der Darm selbst nicht verletzt. Ich hatte *Treu* aufgepackt und ihn so schnell wie möglich zu meinem Tierarzt nach Kelberg gebracht. Alles wurde desinfiziert, zurück in die Bauchhöhle geschoben und zugenäht. Drei Wochen später fing *Treu* bei einer Nachsuche schon wieder den nächsten 30 kg schweren Frischling. Hunde sind hart im Nehmen!

Gerade diese negativen Erlebnisse sind mir an dem Sonntagmorgen sehr präsent. Ich habe mir geschworen, den Rüden an starken Sauen nicht mehr zu schnallen. Aber nach Aussage des Schützen habe ich es ja mit einer schwächeren Sau zu tun! Zu damaliger Zeit gab es weder Schutzwesten noch Handy und ich war noch nicht im Besitz von Handsprechgeräten.

Zusammen mit meinem Jungjägeranwärter und den beiden Hunden nehmen wir die Fährte auf. Der Schütze bleibt beim Auto und soll dieses nachziehen. *Treu* macht die Riemenarbeit, *Edda* wird nachgeführt. Alles spielt sich innerhalb meines

Forstdienstbezirkes ab, in dem es neun verpachtete gemeinschaftliche Jagdbezirke gibt. Ich kenne mich also bestens aus!

Wir haben wohl „nur“ 1 500 Meter gearbeitet, als ich in einer Fichtenanflugfläche auf einen Wundkessel stoße, der offensichtlich frisch verlassen ist. Die Hunde wollen geschnallt werden. Ich folge ihrem Wunsch und lasse auch *Treu* vom Riemen. Es wird das letzte Schnallen dieses Hundes sein!

Hetzlaut ertönt und verklingt bald im Nachbarrevier. Mein Begleiter und ich folgen, so schnell es eben geht, in Richtung des verklungenen Lautes. Wir haben schon eine beträchtliche Strecke zurückgelegt, als ich aus Abteilung 32 des Gemeindewaldes Gelenberg Standlaut beider Hunde vernehme. Unbekümmert bewege ich mich in die bürstendichte Fichtendickung, die immerhin eine Größe von 14 Hektar aufweist. Was soll schon passieren bei einer schwachen Sau?

Ich nähere mich dem Bail, höre auch, wie *Treu* einmal kurz aufklagt.

„Jetzt hat das Schweinchen ihn auch noch gebissen“, ist meine eher belustigte Anmerkung zu meinem Begleiter. Zu unserem Schützen haben wir noch keinen Kontakt. Das letzte Stück begebe ich mich allein in die Dickung, den jungen Mann habe ich draußen „abgelegt“.

Unmittelbar im Bereich des Getümmels angekommen, fliegen plötzlich die Äste auseinander und vor mir taucht eine starke Sau auf! Noch ehe ich reagieren kann, hat der Basse mir die Beine weggehauen. Ich fliege zur Seite, verliere für Augenblicke mein Gewehr, das ich mir aber blitzschnell wiederhole. Die Sau ist erst einmal an mir vorbeigestürmt. Hinter mir eine Fehlstelle in der ansonsten dicht stehenden Fichtenpflanzung. Hier stoppt der Keiler. Er richtet sich wieder zu mir aus und nimmt Anlauf zu einem erneuten Angriff. Ich knie inzwischen, die Waffe im Anschlag.

Aus dem Augenwinkel erkenne ich die Hunde und sehe, dass *Treu* Schweiß aus dem Fang läuft. Ich lasse den Bassen bis auf zwei

Meter heran und setze ihm die Kugel genau zwischen die Lichter. Er bricht unmittelbar vor mir zusammen.

Dann sehe ich meinen Rüden. Auch er ist zusammengebrochen. Blut schießt aus seinem Hals. Er hat eine große klaffende Wunde im Bereich der Hauptschlagader. Der Keiler hat ihm den Hals aufgeschlitzt! Ich rufe nach meinem Helfer. Zusammen schleppen wir den Hund aus der Dickung. Er wird zunehmend schwächer. Ich brauche Hilfe, brauche das Auto, um zum Tierarzt zu kommen.

Also will ich Schüsse abgeben, damit der Jäger mit dem Auto weiß, wo wir uns in etwa befinden. Ich schiebe die nächste Kugel in den Lauf, drücke ab, um den Signalschuss abzufeuern. Aber es macht nur „Klick"! Damals schoss ich noch wegen der geringen Splitterwirkung alte Wehrmachtsmunition mit Vollmantelgeschossen. Bei dieser Munition kommen hin und wieder Versager vor. Einen solchen hatte ich jetzt erwischt. Was wäre gewesen, wenn ich diese Patrone als erste in den Lauf repetiert hätte? Dann wäre es mir wahrscheinlich ähnlich ergangen wie dem Hund!

Es dauert fürchterlich lange, bis der Fahrzeugführer uns gefunden hat. Ich versuche, mit beiden Händen die Wunde zuzuhalten. Es gelingt mir natürlich nicht. *Treu* wird schwächer und schwächer. Er verblutet in meinen Armen. Wir erreichen noch die Tierarztpraxis, aber es ist zu spät!

Gegen Mittag komme ich zu Hause mit einem toten Hund an. Ich bin von oben bis unten rot vom Blut meines so geliebten und erfolgreichen Hundes getränkt. Die Welt hat sich schlagartig verändert. Es ist, als habe man mir ein Bein abgehackt. Meine Familie, aber besonders ich, leiden in der Folge unglaublich an diesem so unverhofft eingetretenen Verlust.

Treu war damals wegen seiner besonderen Leistungen ein weit über seinen Wirkungskreis hinaus bekannter Gebrauchshund und Gegenstand vieler Veröffentlichungen. Er wurde in zahlreichen Fachzeitschriften vorgestellt und fotografiert. Sein Porträt zierte das Titelbild der Zeitschrift „Der Jagdgebrauchshund“. Er wurde genau sechseinhalb Jahre alt.

Dr. Carl Tabel veröffentlichte über ihn und sein Leben einen umfangreichen Nachruf. Mir blieb die Erkenntnis: Wir Schweißhundführer machen einen gefährlichen Job. Wir rücken mit unseren Hund aus – ob wir auch mit ihnen wieder so nach Hause kommen, wissen wir nicht. Wir setzen uns für tierschutzgerechtes, waidmännisches Jagen ein. Dafür müssen wir aber oft einen hohen Preis zahlen, nehmen hohes Risiko, Verlust und Schmerzen auf uns.

Zwei Konsequenzen zog ich aus dieser Begebenheit. Erstens: Ich stellte meine Munition um. Jetzt schieße ich aus meiner Nachsuchenbüchse im Kaliber 8 x 57 nur noch die splitterarme Nosler-Munition. Zweitens: Wo ich auch immer zur Nachsuche antrete, mache ich mir ein eigenes Bild, den Angaben des Schützen werde ich nicht mehr bedingungslos vertrauen.

Treu v. Kanonenturm nach Nachsuche auf Rehzwitter (Gehörn und weibliche Geschlechtsmerkmale) © Dr. W. Decker

EDDA VOM LÜTZELSOON

In der Chronik des Vereins Hirschmann aus dem Jahr 1983 findet sich folgendes Zitat: *„Edda, 1683, wurde in der Hand von Ulrich Umbach der erfolgreichste Schweißhund, der je in der Eifel geführt wurde.*" Ich weiß gar nicht, ob das so absolut zutrifft, wie es hier behauptet wird. Es gab und gibt auch andere Führer mit sehr guten Hunden!

Aber fest steht, dass *Edda*, meine erste Hannoversche Schweißhündin, ein ganz besonderer und auch sehr erfolgreicher Hund wurde. Ich habe sie bereits in meinem Beitrag über *Treu* erwähnt. *Eddas* Erfolgsgeschichte begann eigentlich erst mit dem Tod von *Treu*, gemäß der alten Herrscherregel: „Der König ist tot, es lebe der König!"

Gewölft wurde *Edda* im Jahr 1978 unter dem Züchter Bernd Krewer aus *Alf an der Mosel.* Dieser E-Wurf wurde zum überwiegenden Teil in Hände von damals sehr erfolgreichen Führern abgegeben. Unter ihnen so klangvolle Namen wie Herbert Bansen, Rüdiger Dönitz oder Otto Schmitt, der damals in Rheinland-Pfalz als einer der erfolgreichsten Schweißhundführer weithin bekannt war. Auch der Züchter hatte einen Welpen aus diesem Wurf behalten.

Und so war es sicher kein Zufall, dass der E-Wurf *vom Lützelsoon* der absolut erfolgreichste Geschwisterwurf in der Geschichte des Vereins Hirschmann zu damaliger Zeit wurde. Über 1 200 Stück Hochwild hat der E-Wurf insgesamt auf erschwerten Nachsuchen zur Strecke gebracht.

Dass ich aus diesem Wurf als Erstlingsführer einen Welpen bekam, ist guter Fürsprache und vielleicht glücklichen Umständen zu verdanken, denn meine Erfolgsgeschichte mit einem Gebrauchshund garantierte mir sicher nicht das Privileg, einen Schweißhund führen zu dürfen. Auch damals gab es oftmals ein sehr großes Konkurrenzdenken.

Edda war ein völlig anderer Typ als all die Hunde, die ich von Jugend an kannte und mit denen ich in irgendeiner Weise zu tun hatte. Trotzdem ging mit dem Erwerb ein heimlicher Traum in Erfüllung. *Edda* war die Kleinste im Wurf. Sie erschien auch nicht besonders aufgeweckt. Ich erinnere mich noch, dass sie viel geschlafen hat. Nahm ich sie mit zum Ansitz, rollte sie sich sofort zusammen und kaum saß ich oben, war sie unten in tiefen Schlaf versunken. Sie war das krasse Gegenstück zu meinem so wachsamen und aufmerksamen Deutsch-Drahthaar. Meine Freunde nannten sie nur die Schlafmütze. In ihr lag aber nur eine große innere Ruhe!

Ich arbeitete sie nach alter Jägerhof-Methode ein, besuchte damals auch einen Lehrgang im Solling unter der Leitung des legendären Zuchtwartes Karl Bergien und erreichte auf der Vorprüfung einen 1. Preis. Ich setzte die Hündin schon sehr früh bei Nachsuchen ein, fand auch das ein oder andere Stück mit ihr, aber immer, wenn es knifflig oder gefährlich wurde, kam *Treu* nach vorn. Unter solchen Voraussetzungen erreicht selten ein Hund wirkliche Spitzenleistung.

Erst im Herbst 1983 trat sie aus dem Schatten von *Treu* und mir wurde bewusst, dass man nie vorschnell einen Hund abqualifizieren sollte. Mancher Vierbeiner kann, wenn er richtig gefordert wird, noch ein sehr brauchbarer, ja, wie im Fall von *Edda* sogar ein Spitzenhund werden.

Zeigte sie anfangs Ängstlichkeit, wenn wir den großen Tieren, wie etwa Rotwild, zu nahe kamen, so hat dieser Hund mit einem Stockmaß von nur 48 cm in späteren Jahren Rotwildkälber gehetzt, gefangen und mit Drosselgriff abgetan. Eine Entwicklung, die so anfangs nicht vorhersehbar war.

Der Übergang von *Treu* zu ihr war schwierig. Ich erinnere mich an die ersten Einsätze nach dem Tod des Drahthaars. Anfänglich kamen wir nicht so zurecht. Ich wünschte mir so oft meinen Rüden zurück, wenn ein Knoten in der Fährtenarbeit scheinbar nicht zu lösen war. Aber mit Geduld und Beharrlichkeit gelang es uns beiden immer besser, auch schwierigste Fälle zu lösen.

Edda wurde eine bestechende Riemenarbeiterin, ein jagdlicher Staubsauger. Immer die Nase am Boden, nie einen Schritt ohne Kontrolle und immer mit ausgeprägtem Finderwillen.

Auch bei ihr führte ich das Verharren ein. Ich hielt sie fest, spürte an dem straff gezogenen Riemen, der sich nicht mehr bewegte, wenn ich einmal keinen Sichtkontakt zu ihr in dichtem Verhau hatte, dass wir richtig waren.

Mit *Edda* musste ich nun alles arbeiten, das heißt, ich musste auch Rehe mit ihr nachsuchen, denn zur damaligen Zeit machten noch die Rehnachsuchen bei mir den wesentlichen Teil meiner Nachsuchenanforderungen aus.

Schwieriger waren die Hetzen, insbesondere die auf Rehwild. Rehwild stellt sich kaum, es muss meist vom Hund gefangen werden. Das allerdings klappte wegen der geringeren Grundschnelligkeit mit der Hannoverschen Hündin schlechter.

Ich erhielt von einer bekannten Hundeführerin aus dem Bergischen Land deshalb einen fertigen DD-Gebrauchshund zur Unterstützung für die Hetzen. Es war ein großer Hund mit langem und stark ausgebildetem Fang. Aber er war schwierig, nicht besonders nervenstark und auch nicht problemlos. Aber ich kam mit ihm zurecht. Er hat in der Folge manchen Bock gefangen. Wenn man allerdings an das erlegte Stück heran wollte, ließ er das meist nicht zu. Dann wurden nicht nur seine Zähne sichtbar, sondern auch sein ganzer Gesichtsausdruck verriet, dass dies für ihn keinen Spaß bedeutete.

Ich wurde von ihm akzeptiert, aber bei anderen Menschen kam es öfter zu problematische Situationen. Einen ersten Negativhöhepunkt erreichte dieses Verhalten, als er anlässlich einer Jagd einen an ihm vorbeilaufenden Teckel packte und sich so in den armen Teufel verbiss, dass wir letztlich mit Stöcken seinen Fang aufhebeln mussten. Der kleine Hund hat das zwar überlebt, wurde aber lange tierärztlich behandelt.

Als Loshund war dieser DD also gut, als Gesellschaftshund eine Katastrophe. Somit wurde für mich schnell klar, dass ich ihn nicht halten konnte und auch nicht halten wollte. Ihn übernahm mein Freund Fred, der mich damals bei den meisten Nachsuchen begleitete und den zweiten Hund (Loshund) nachführte. Fred war ein extrem guter Schütze, manches kranke Stück hat er erlegt, noch bevor eine lange Hetze nötig wurde.

Wenn es nun nicht anders ging, dann musste halt *Edda* auch die Rehhetzen übernehmen und so lernte sie das Niederziehen, was sie dann das ein oder andere Mal auch bei schwachem Rotwild praktizierte.

Damals waren die Dinge allerdings schwieriger zu händeln als heute, da es noch keine Telemetrie gab. *Edda* war wie die meisten meiner Hunde ein ausgesprochen gieriger Fresser. Die Liebe geht auch bei den Hunden durch den Magen. Ließ ich sie mit einem Stück allein, konnte ich darauf wetten, dass nach kürzester Zeit nur noch das Skelett übrig war (natürlich etwas übertrieben!).

Von den zahlreichen Einsätzen mit *Edda* ist mir eine noch in besonders guter Erinnerung geblieben:

Nachsuche in einem Revier der nördlichen Eifel auf ein Stück Rotwild (Kalb oder Schmaltier). Das Stück wurde am Vorabend beschossen. Mit einem anderen Hund war die Nachsuche bereits erfolglos abgebrochen worden.

Edda untersucht den Anschussbereich und hat schon sehr schnell die Fluchtrichtung gefunden. Knochensplitter kurz hinter dem vermeintlichen Anschuss bestätigen, dass es sich um einen Laufschuss handeln muss. Wir arbeiten die Fährte in gewohnter Weise, wie viele andere Krankfährten auch. Es zeigt sich auch hier wieder einmal, dass die Leistungsgrenze bei einem erfahrenen guten Hund wesentlich höher anzusetzen ist, als es die meisten Jäger und Hundeführer glauben wollen.

Irgendwo nach vielleicht 1 000 Meter wird das kranke Stück vor uns flüchtig. Ich schnalle *Edda.* Der Laut des Hundes verklingt sehr schnell hinter dem nächsten Berg und für mich beginnt eine stundenlange Suche. Zuerst folge ich bis zur nächsten Höhe – nichts mehr zu hören!

Dann kehre ich zum Ausgangspunkt zurück und warte am Fahrzeug zusammen mit dem Schützen. *Edda* kommt nicht. Den anderen Jäger schicke ich mit seinem Fahrzeug los in die Richtung, in der der Laut verklungen ist. Nichts! Dann fahre ich zum Dorf, suche einen anderen Schweißhundführer auf, der dort seinen Wohnsitz hat. Es ist Andreas Kieling, den ich bitte, mir zu helfen und die Hetzfährte mit seinem Hund nachzuarbeiten. Er willigt ein und begibt sich mit seinem Hund auf den Weg, während ich jetzt großflächig mit meinem Auto alle Waldstraßen abfahre.

Andreas bricht irgendwann seine Suche ab, weil er nicht mehr weiterkommt. Bei mir wird die Unruhe immer größer. Es beginnt zu dämmern.

Ich habe die Hoffnung schon fast aufgegeben, als mir plötzlich auf einem Waldweg *Edda* entgegenkommt, etwa zwei Kilometer von der Stelle des Schnallens entfernt. Ich kann gar nicht sagen, wie viele Steine mir vom Herzen fallen, als ich wieder im Besitz meiner Hündin bin.

Aber wie sieht sie aus! Sie ist rund wie eine Trommel. Vollgeludert kommt sie mir den Weg entgegen. Ihr Haarkleid ist voller Lehm. Daraus schließe ich, dass sie das Stück Rotwild gefangen hat. Das muss aber an einer Stelle gewesen sein, wo es nass und lehmig ist. Also kommt nur ein Graben mit Wasserlauf infrage.

Ich begebe mich in die Richtung, aus der mir der Hund entgegenkam.

Vom Weg ab verlaufen mehrere Gräben. Ich suche einen nach dem anderen ab und stehe plötzlich vor einem großen Kampfplatz. Überall liegt Haar von einem Stück Rotwild, auf dem Boden sind tiefe Eingriffe von Schalen zu erkennen. Und tatsächlich liegt 50 Gänge weiter im Bachlauf ein frisch verendetes Schmaltier. Es hatte einen hohen Vorderlaufschuss und ist hier vom Hund niedergezogen worden. Bissstellen am Träger bestätigen beim Aufbrechen die Todesursache. Aus der Keule fehlen dem Stück aber gut zwei bis drei Kilo bestes Wildbret!

Dieser doch recht kleine Hund hat es tatsächlich geschafft, ein fast ausgewachsenes Stück Rotwild zu Boden zu ziehen, mit einem Drosselgriff zu töten, um sich danach selbst einmal richtig satt zu fressen.

So nimmt diese Nachsuche ein gutes Ende und nachdem ich den Schützen auch wieder irgendwo aufgegriffen habe, sind wir alle sehr zufrieden über den glücklichen Ausgang.

Edda führte ich zur Hauptprüfung des Vereins Hirschmann. Direkt am Frankfurter Flughafen, in das Forstamt Mörfelden, wurde ich zur Prüfung eingeladen. Hier gibt es eines der größten Damwildvorkommen in Deutschland. Prompt wurde mir auch eine Nachsuche auf ein Stück Damwild (Alttier) zugeteilt. Noch nie hatte ich Damwild nachgesucht.

Am Anschuss schneeweißes Schnitthaar und Knochensplitter. Ich setzte *Edda* unter den kritischen Augen des Richterobmannes Wilhelm Puchmüller an und ohne große Schwierigkeit wurde die Riemenarbeit begonnen. Schon nach 300 Meter saß das Stück im Wundbett. *Edda* wurde geschnallt und hinter dem nächsten Hügel klagte das Stück bereits. *Edda* hatte es gefangen und machte kurzen Prozess. Wegen der geringen Schwierigkeiten, die diese Fährte hergab, und wegen des fehlenden Stellens erhielt mein Hund nur einen 3. Preis, was die Leistungsstärke aber nicht widerspiegelte.

Dennoch hatten wir die beste Prüfungsarbeit abgelegt und ich erhielt als Anerkennung vom damaligen hessischen Landwirtschaftsminister die Abschussfreigabe für einen Damhirsch, den ich auch ein Jahr später in diesem Forstamt erlegte.

Was *Edda* wirklich konnte, stellte sie dann wenige Jahre später eindrucksvoll unter den Augen der Mitglieder des Vereins Hirschmann unter Beweis. Hierüber ist in der Chronik des Hirschmannvereins zur Hauptversammlung 1987 in Burgjoß folgendes nachzulesen:

„Mit der Hauptversammlung war diesmal eine Hauptprüfung in den umliegenden Spessartrevieren verbunden … Das goldene Herbstlaub der herrlichen Spessartwälder und die malerische Burg des Forstamtes Jossgrund gaben der diesjährigen Veranstaltung des Vereins Hirschmann eine besondere Note. Aus dem gesamten Bundesgebiet und aus dem Ausland angereist, wurden die Hirschmänner mit herzlichen Worten ihres 1. Vorsitzenden, Landforstmeister Dr. Volquardts … begrüßt."

Fünf Hunde standen zur Prüfung an. Leider gab es im Bereich des Tagungsortes keine verwertbaren Arbeiten. Es waren nur Kontroll- oder kurze Totsuchen.

Weiter heißt es im Hirschmannbericht: *„Eine sehr schwierige Arbeit wurde allerdings vom wohl 150 km entfernten Soonwald gemeldet. Dort war ein Hirschmann-Mitglied zu einer Nachsuche auf einen laufkranken Hirsch gerufen worden. Die Nachsuche musste abends wegen Dunkelheit abgebrochen werden, sodass es möglich war, die Nachsuche der Prüfungsleitung telefonisch als geeignete Prüfungsarbeit anzubieten."*

Über Nacht hatte es wolkenbruchartig geregnet. Zwei Prüfungsgruppen waren in den Soonwald gereist und am Abend wieder unverrichteter Dinge zum Tagungsort zurückgekehrt. Beide eingesetzte Hunde waren der Arbeit wegen mangelnder Erfahrung nicht gewachsen.

Ich zitiere nun aus dem Hirschmannbericht weiter: *„Selbstverständlich hat der Verein Hirschmann bei jeder Hauptprüfung* *besonders erfahrene Hunde in Bereitschaft, die bei Fehlsuchen der Prüfungskandidaten dann außerhalb der Prüfung als Notbremse gezogen werden müssen.*

In diesem Falle war es Forstoberinspektor Ulrich Umbach aus Kelberg in der Eifel, der am nächsten Morgen, also 43 Stunden nach dem Anschuss, mit seinen beiden Hannoverschen Schweißhunden die Arbeit aufnahm, nachdem ihm sein Forstamtsleiter die Hunde über 80 km entgegengebracht hatte.

Mit der im 9. Behang stehenden, sehr erfahrenen Hündin: III Edda vom Lützelsoon, Zb. Nr. 1683 (bisher leistete sie 248 erschwerte, erfolgreiche Nachsuchen mit 106 Hetzen) meisterte Herr Umbach ohne jegliche Kontrolle, teilweise durch Wasser, die 1 000 Meter lange Riemenarbeit bis zum flüchtig werdenden Hirsch, und mit seinem im 2. Behang stehenden Jungrüden „Donar vom Prinzkopf", Zb. Nr. 1907, die dann folgende Hetze über 2,5 km weit, bis das

Edda und Don © Christian Wilisch

Freund Paul Düx mit Verfasser an gestreckter Sau in Weizenschlag

Stück den Fangschuss erhielt. … So endete diese Hauptprüfung insgesamt doch noch mit einem guten Suchenerfolg.“

Edda hatte im Laufe ihres Lebens einen unheimlich starken Finderwillen entwickelt. Leider litt sie schon ab dem 9. Behang an Spondylose (degenerative Erscheinungen der Bandscheiben), weshalb ich sie nicht mehr zum Hetzen einsetzen konnte und wollte, um mir so lange wie möglich die Einsatzfähigkeiten dieser außergewöhnlich guten Riemenarbeiterin zu erhalten.

Bei einer Nachsuche traf ich einen alten Ahnherrn, der sah, dass *Edda* Schwierigkeiten auf der Hinterhand hatte. Von diesem alten Herrn aus adligem Hause erhielt ich wenige Tage später ein Medikament, das meinem Hund helfen sollte. Täglich erhielt die Hündin eine Tablette. Ich mochte es selbst kaum glauben, als „meine Alte“ nach kurzer Zeit wieder selbstständig in den Heckraum des Autos sprang.

Edda wurde 13 Jahre alt. Im Februar 1991 lag sie eines Morgens zusammengerollt in ihrer Hütte und war kalt. Sicher hat sie noch von Hirschen und Sauen geträumt, als der Tod sie überraschte. So „problemlos“ und leicht hat kein anderer Hund bei mir sein Leben lassen können. Dies ist leider eine traurige Feststellung in der langen Bilanz „meines Hundelebens“.

Edda hatte ein erfülltes Leben. 333 Stück Hochwild hatte sie auf erschwerten Nachsuchen zur Strecke gebracht, dazu sicher 150 Stück Rehwild. Und sogar den ein oder anderen Fuchs habe ich mit ihr nachgesucht. Wie auch bei meinen anderen erfahrenen Hunden spielte bei ihr die Wildart im späteren Alter keine Rolle mehr. Die Hunde unterschieden nur noch zwischen krankem und gesundem Wild.

SAUENKONTAKTE ODER SCHMERZHAFTE BEGEGNUNGEN

Dass Sauen wehrhaft sind und dass sie für Hund und Mensch in bestimmten Situationen gefährlich werden können, weiß jeder, der mit dieser Wildart einmal intensiver zu tun hatte. Besonders gefährdet sind natürlich diejenigen, die verletzten Schwarzkitteln auf die Schwarte rücken. Aber genau das ist die Hauptaufgabe eines Schweißhundeführers.

Bache, kurz vor dem Annehmen

Heute beträgt der Anteil vom Nachsuchen auf Schwarzwild etwa Zweidrittel aller Nachsucheneinsätze auf Schalenwild. Die Schwarzwildbestände haben europaweit seit den Siebzigerjahren zum Teil explosionsartig zugenommen. Entsprechend hoch sind die Strecken bei dieser Wildart. Wenn viel Wild erlegt wird, dann steigen naturgemäß auch die Fälle, bei denen die Kugel mal nicht im Zentrum des Lebens sitzt, wo also Nachsuchen erforderlich werden. Beim Schwarzwild kommt noch dazu, dass diese Wildart besonders hart in Bezug auf Verletzungen ist und dass keine Wildart häufiger bei schlechten Lichtverhältnissen oder in Bewegung beschossen wird.

Wenn ihre Kräfte es noch zulassen, versucht eine verletzte Sau sich dem Verfolger durch Flucht zu entziehen. Nur dann, wenn sie eine Flucht als ausweglos erkennt, wird sie sich durch Angriff ihrer Haut erwehren. Das ist immer dann der Fall, wenn die Verletzung so groß und stark ist, dass sie körperlich nicht mehr in der Lage ist zu fliehen, oder wenn Hunde sie verfolgen und ein Entkommen aussichtslos erscheint.

Sauen erkennen genau, woher ihnen die größte Gefahr droht. Deshalb steht im Feindverhalten der Mensch an oberster Stelle.

Die verfolgte oder gestellte Sau kämpft um ihr Leben. Daher sehe ich ihre Angriffe, ob auf Hund oder mich, immer als legitim an. Nie habe ich, selbst wenn es persönlich schlimme Konsequenzen hatte, einen Groll oder Hass gegen das angreifende Stück empfunden.

Ich hatte nie Angst vor Sauen, habe ihnen gegenüber aber immer eine gehörige Portion Respekt an den Tag gelegt. Deshalb habe ich alle Helfer, die ich in das Handwerk der Nachsuchentätigkeit eingearbeitet und zur Selbstständigkeit verholfen habe, ermahnt, sich nie übereilt und draufgängerisch einem Bail zu nähern. Vorsichtig heranpirschen, auf günstigen Wind achten und sich nach Möglichkeit nie im Hanggelände unterhalb der gestellten Sau postieren, sind wichtige Grundprinzipien. Ebenso darf die Abgabe des Fangschusses nur erfolgen, wenn der Hund nicht durch die Schussabgabe gefährdet werden kann. Diesen Moment gibt es immer, man muss nur auf ihn warten. Daher niemals übereilt schießen!

Trotz aller Vorsicht blieben bei meinen zahlreichen Nachsucheneinsätzen einige schmerzhafte Begegnungen nicht aus:

Es ist kurz vor Weihnachten. Aus dem Nachbarort des Städtchens Adenau wird ein Zusammenstoß mit einer starken Sau gemeldet. Der Unfall hat sich am Vorabend ereignet, die Sau ist nach dem Aufprall in eine talwärts liegende Wiese gestürzt. Unfallbeteiligte wollten nach der Sau sehen und wurden unvermittelt angenommen. Sie konnten sich gerade noch hinter ihr Fahrzeug in Sicherheit bringen. Die Sau verschwand in der Dunkelheit.

Am nächsten Morgen bin ich mit einem Jungjägeranwärter zur Stelle. Mein Hannoverscher Rüde *Donar vom Prinzkopf,* genannt *Don,* nimmt die in der nassen Wiese noch erkennbare Wundfährte auf und wir folgen ihr in den gegenüberliegenden Wald. Zwischenzeitlich setzt starker Schneefall ein.

In einem dichteren Fichtenbestand stoßen wir auf einen Wundkessel. Hier ist, da ein paar Zentimeter Schnee gefallen sind, die frische Fluchtfährte zu erkennen. Die Sau hat uns wohl frühzeitig bemerkt und den Kessel vor uns verlassen. Die Fährte führt zu einem vielleicht 50 x 100 Meter großen Windwurfnest, in dem die umgestürzten Fichten kreuz und quer übereinanderliegen. Hier hat sich die Sau eingeschoben.

Ich schnalle *Don* und gleich darauf erklingt Standlaut. Dann hetzt er das Schwein hörbar aus dem Verhau in den anschließenden Hochwald. Schnell umschlagen mein Begleiter und ich die Windwurffläche und ich nähere mich entlang eines im Hang verlaufenden Holzabfuhrweges dem Standlaut des Rüden. Der Wind treibt mir den fallenden Schnee in die Augen, ich kann kaum etwas sehen. Doch dann erkenne ich *Don* durch eine Lücke zwischen tief beasteten Randfichten hindurch. Oberhalb vom Hund steht der Keiler. Er hat sich schon zu mir hin ausgerichtet!

Ich bin schussbereit, als er sich in meine Richtung in Bewegung setzt. Die Äste der Randbäume versperren mir für Augenblicke die ohnehin schlechte Sicht. Unter den Traufästen taucht der Keiler vor mir auf. Als er die Wegeböschung herunterprescht, feuere ich ihm meine 8 x 57 entgegen. Vermutlich wegen der schlechten Sichtverhältnisse geht der überhastete Schuss glatt daneben. Ich sehe noch, wie die Kugel neben dem Schwein in die Erde einschlägt. Im nächsten Augenblick ist der Keiler schon bei mir. Reflexartig springe ich ihm im halbspitzen Winkel entgegen. Dadurch verfehlen mich seine Waffen, die er offensichtlich auf meine Beine angesetzt hat. Ich spüre noch, wie er hinter meinen Waden ins Leere schlägt.

Ich habe keine Zeit zum Repetieren! Über die Schulter nach hinten blickend, erkenne ich, wie der Keiler auf dem Weg dreht und sofort ein weiteres Mal annehmen will. Es bleibt mir keine Wahl. Ich springe hangabwärts vom Weg und nehme „meine Beine unter den Arm", um möglichst schnell Abstand zu gewinnen. Mein Begleiter ist vorher schon etwa 50 Meter zurück geblieben und kann die Situation gut beobachten. Er sieht, wie ich den Hang hinunterstürme, hinter mir die Sau, hinter der Sau mein Hund. Alles geht viel schneller, als ich es hier schildern kann.

Ich komme nach 30 bis 40 Metern Flucht ins Stolpern und stürze. Im Glauben, dass mich jetzt die Sau erwischen wird, erkenne ich aus der Bodenperspektive, wie sie vor mir stoppt und sich mit geöffnetem Gebrech, aus dem seitlich etwa 6 cm lange Hauer wie zwei Dolche blitzen, dem Hund zuwendet. Das ist meine Chance, eine neue Kugel in den Lauf zu repetieren. Auf den unschlüssig stehenden Keiler gelingt es mir, aus liegender Position einen Fangschuss anzutragen, ohne den Hund zu gefährden.

Später habe ich oft überlegt, warum der Keiler plötzlich stoppte. Offensichtlich war ich am Boden plötzlich sehr klein und damit kein wirklich gefährlicher Gegner mehr. Dem Keiler steckte übrigens durch den Unfall eine gebrochene Rippe in der Lunge.

Eine ähnliche Situation erlebte ich viele Jahre später. Auch hier war eine starke Sau angefahren worden.

Wir bewegen uns in einem Buchenaltholz entlang einer mit Brombeeren und Ginster verwilderten Windwurffläche. Ein revierkundiger Jäger führt meinen Loshund nach. Meine Hündin *Kira,* von der ich noch berichten werde, arbeitet am 10 Meter langen Schweißriemen. Der begleitende Jäger folgt mit meiner DD-Hündin in einem Abstand von etwa 40 Gängen. Im entscheidenden Moment schätzt er die Situation verkehrt ein.

Just als wir uns neben dem Verhau nach vorn orientieren, sehe ich in den Brombeerranken das Haupt einer Sau, offensichtlich das der von uns gesuchten. Der Schwarzkittel fixiert uns. Ich erkenne, wie sich seine Lichter am Hund vorbei auf mich ausrichten. Da setzt der Keiler sich auch schon in Bewegung und kommt direkt auf mich zu.

Es bleibt keine Zeit mehr, das Gewehr von der Schulter zu reißen. Meine Rettung sehe ich nur, indem ich den Riemen fallen lasse und mit einem Satz hinter eine neben mir stehende Buche springe. Der etwa dreijährige Keiler bleibt hartnäckig. Ich laufe um den Baum, die Sau hinter mir, wobei sie sich richtig um den Stamm legt. Mein einziges Bestreben ist, immer den Stamm zwischen mir und dem Wildkörper zu behalten. Mein Loshund hat, im Gegensatz zu seinem Führer, die Situation schon frühzeitig aus der Entfernung erkannt und gibt Laut.

Daraufhin lässt das Schwein von mir ab und sieht in den beiden sein neues Angriffsziel. Erwin, der meine Drahthaarhündin an der Leine hält, erkennt wohl jetzt erst, was dort vorn passiert. Als er die Leine fallen lässt, ist der Keiler schon bei ihm. Mit ein, zwei Schlägen gegen seine Beine schmeißt er ihn zu Boden. Beide Hunde samt Leinen und Riemen attackieren nun die Sau.

Als Erwin am Boden liegt, lässt der Schwarzkittel von ihm ab und beschäftigt sich nur noch mit den beiden Hunden. Zwischenzeitlich habe ich mein Gewehr schussbereit in der Hand. Ich schlage einen Bogen, um Erwin aus dem Schussfeld zu bekommen. Der Keiler attackiert, ähnlich einem Kampfstier, mal den einen, mal den anderen Hund. Ich kann nicht schießen, denn die Hunde decken den Wildkörper ab.

Dann geschieht etwas, das ich dutzende Male erlebt habe. Die Sau eräugt mich, lässt Hunde, Hunde sein und nimmt mich an. Ich will nach hinten ausweichen, stolpere dabei und falle rückwärts mit dem hinteren rechten Rippenbogen auf die Kante eines Eichenwurzelstockes. Augenblicklich bleibt mir die Atemluft weg. Ich rechne damit, dass die Sau mich überrollen wird. Aber obwohl ich unmittelbar vor dem Keiler am Boden liege, widmet sie sich jetzt wieder den Hunden. In einem günstig erscheinenden Moment schießt mein Begleiter von der Seite her auf den Keiler. Ich sehe genau, wie im Nacken der Sau die Kugel einschlägt und den Bassen von den Läufen reißt. Als das Stück wieder versucht, auf die Läufe zu kommen, rappele ich mich hoch, habe aber extreme Luftprobleme.

Der Schuss hat den Keiler nur gekrellt. Das Ganze spielt sich unmittelbar vor meinen Füßen ab. An mein Gewehr komme ich nicht heran. Mit Mühe kriege ich das Waidblatt aus der Scheide, werfe mich auf die Sau und setze den Todesstoß.

Es war eine dramatische Situation, die gewaltig hätte schiefgehen können. Ein zufällig an der Nachsuche teilnehmender Arzt, der auch Jäger ist, vermutet sofort, dass ich eine Rippe gebrochen habe. Zwangsläufig führt mein nächster Weg ins Krankenhaus. Die fünfte und sechste Rippe sind tatsächlich gebrochen.

Der Vorfall ereignete sich am 31. Oktober. Bis Weihnachten linderte nur die Einnahme starker Medikamente meine Schmerzen. Wie schlimm muss da für manches angebleite Stück Wild der Schmerz sein! Es erhält keine lindernden Mittel oder eine andere Wundversorgung. Oft denke ich darüber nach und bin mir bewusst, dass keine Bemühung zu groß und zu aufwendig sein darf, um leidendes Wild zu erlösen.

Mein Begleiter hatte lediglich eine Schramme am Oberschenkel und eine zerrissene Hose zu beklagen.

Nico, ein Helfer bei einer anderen Nachsuche, kam nicht so glimpflich davon: In einem Seitental des Ahrgebirges wurde abends eine starke Sau beschossen. Der Anschuss am nächsten Morgen zeigt mir Röhrenknochensplitter, Wildbret und Schnittborsten. Die Diagnose ist klar: Ein „Tagewerk" liegt vor uns. Nico L. mein Spannmann – so nenne ich die Begleiter mit dem Loshund – marschiert mit mir los. Es geht endlos weit durch Steilhänge, immer die Wechsel haltend, in Dickungen rein, aus Dickungen raus und wieder weite Strecken einem Bachlauf nach, aus dem die Sau dann erst nach etwa einem Kilometer ausgestiegen und steil einen Hang nach oben gezogen ist.

Noch an der Verletzung meiner Rippen laborierend, übergebe ich Nico den Schweißriemen und führe meine Drahthaarhündin *Questa von der Wupperaue* nach.

Die Fährte geht weiter schräg hangaufwärts auf eine Felsennase zu, die sich vom Gipfel des Berges bis in den unteren Teil des Hanges erstreckt. Wir queren einen Mittelhangweg, meine Hannoversche Schweißhündin *Kira* arbeitet zielsicher mit Nico die Fährte.

Kurz vor den Felsen erkläre ich meinem Begleiter, dass kranke Sauen sehr gern unter oder hinter solchen Felspartien stecken würden. Deshalb will ich auf dem Mittelhangweg vorlaufen, um auf der anderen Seite des Felsmassivs den Hang einsehen zu können. Gesagt, getan! Ich bewege mich etwa 150 Meter nach vorn, habe von dort aber keinen Sichtkontakt mehr zum Hundegespann. Kaum habe ich einen günstigen Stand gefunden, höre ich den Laut von *Kira* am Riemen. Die Hündin wird immer dann laut, wenn sie sich unmittelbar vor dem kranken Stück befindet.

Da fällt ein Schuss! Ich schnalle sofort *Questa*, ohne sehen zu können, was wirklich geschehen ist. Die Drahthaarhündin stürmt den Hang, hinauf. Dann ist auch ihr Laut zu hören, der sich schnell entfernt. Ich renne auf dem Weg zurück. In der Ferne Standlaut. In Höhe des ersten Lautes von *Kira* angekommen, höre und sehe ich das Gespann im oberen halben Hang.

Nico schreit: „Die Sau hat mich geschlagen!"

Ich antworte, noch nicht den Ernst der Lage erkennend: „Es kommt Hilfe, ich muss zuerst dem Hund helfen, damit der nicht auch noch geschlagen wird!" Gleichzeitig funke ich aber die anderen Begleiter an und es zeigt sich wieder einmal, wie wichtig eine gute Telekommunikation innerhalb der Nachsuchengruppe ist. Wenn eben möglich, sollte immer ein Fahrzeug nachgezogen werden.

Questa hat 200 Meter weiter im Hang die Sau gestellt, die von mir den Fangschuss erhält. Ich laufe zurück. Ein Auto ist mittlerweile auf der Höhe von Nico angekommen. Nun sehen wir, dass der junge Mann heftig mit der Sau Bekanntschaft gemacht hat. Der Keiler hat ihm das linke Wadenbein von der Ferse bis in die Kniekehle aufgeschlitzt. Die Muskulatur klafft weit auseinander.

Was war genau geschehen? *Kira* führte genau auf die untere Felskante zu. Dort hatte das kranke Stück im Wundkessel gesessen und wollte nach hinten zurückwechseln. Nico, vorgewarnt von der am Riemen laut werdenden Hündin, riss sein Gewehr von der Schulter und feuerte einhändig, da er mit der anderen Hand den Hund halten musste, auf die etwas unterhalb flüchtende Sau. Er traf nicht, hatte aber damit dem kranken Stück genau signalisiert, wo er sich befand. Blitzschnell schlug der Keiler einen Haken, stürmte den Hang hoch und schlug ihm mit seinen Waffen in die Beine, um danach seine Flucht fortzusetzen. Das Ganze ging so schnell, dass an einen weiteren Schuss nicht zu denken war.

So gut es geht wird Nico erstversorgt. Als Glücksfall entpuppt sich, dass die Ehefrau des Jagdaufsehers als OP-Schwester in einem Krankenhaus arbeitet und die Wunde fachgerecht verbindet, als wir im Dorf angekommen sind. Im Krankenhaus wird genäht und behandelt. Mehrere Wochen lang muss Nico an Krücken gehen.

Viel schwerere Verletzungen habe ich im Laufe meiner Tätigkeit mit anderen Jägern und vor allem Nachsuchenführern erlebt. Zwar versuchen wir inzwischen alle, durch stichfeste Beinbekleidung und Schutzwesten für unsere Hunde die Angriffe der Sauen abzumildern, einen hundertprozentigen Schutz gibt es aber nicht. Selbst das Tragen eines Beinschutzes gibt keine Gewähr für Verletzungsfreiheit. Ein Nachbarkollege machte vor gar nicht langer Zeit eine schmerzhafte Bekanntschaft mit einem Keiler. Die Sau nahm ihn beim Stellen urplötzlich an und schlug ihm auf das geschützte Bein, wobei die Spitze des Hauers trotz der Sicherheitsausstattung ins Schienbein eindrang, abbrach und aus dem Knochen herausoperiert werden musste.

Ausnahmen bestätigen die Regel! Das haben wir alle schon in der Schule gelernt. Auch bei der Jagd gibt es immer wieder Situationen, die aus dem Rahmen fallen.

Ich werde an einem Sonntagvormittag zu einer Nachsuche gerufen, weil am Vorabend ein etwa 50 kg schweres Stück Schwarzwild am Rande eines Maisfeldes beschossen worden ist. An den Stängeln der Maisstauden wären bis zu einer Höhe von etwa einem Meter hellroter Schweiß und sogar Teile des Lungengewebes zu erkennen.

Die Jäger vor Ort hatten am Abend – die Sau war gegen 19.30 Uhr beschossen worden – das Stück, das in den Maisschlag geflüchtet war, bergen wollen. Aufgrund der Pirschzeichen nahm man an, es könne nicht weit weg liegen. Man fand es aber nicht. Auch eine weitere Suche am Sonntagmorgen blieb erfolglos. Daher kam bei mir die Nachricht recht spät an.

Um 11.30 Uhr bin ich am Anschuss. Ich finde alles so vor, wie es mir am Telefon schon mitgeteilt worden ist. Die Sache scheint klar: Lungendurchschuss. Da es sich offensichtlich nur um eine relativ kurze und gut zu bestätigende Fährtenarbeit handelt, nehme ich meine junge HS-Hündin *Birka von den Sieben Steinhäusern* an den Schweißriemen. Die Fährte führt uns tief in den Maisschlag hinein. Nach wenigen hundert Metern stehen wir vor einem tief ausgehobenen Kessel. Er ist verdammt groß. Rechts und links am Rand des Kessels finden wir im Erdreich zwei dunkle Flecken. Ich tupfe sie ab. Tatsächlich, es ist Schweiß!

Die Sau muss größer und stärker sein als beschrieben. Aber klar ist: Es handelt sich um einen Durchschuss, denn die beiden Schweißflecke sind eindeutig von Ein- und Ausschuss. Offensichtlich haben die am Abend im Maisfeld suchenden Jäger ohne es zu merken das kranke Schwein aufgemüdet.

Trotzdem, jetzt nach 16 Stunden muss dieses Stück verendet sein. Ich arbeite unbekümmert weiter, immer in der Annahme, dass wir über kurz oder lang am verendeten Keiler stehen werden. Es geht in ein weiteres Maisfeld. Der Schweiß auf der Fährte wird deutlich weniger. Die Flucht verläuft nun diagonal zu den Saatreihen, sodass ich den Hund am Riemen zehn Meter vor mir nicht sehen kann. Plötzlich ein kurzer Laut der Hündin, dann spüre und höre ich, wie sie nach hinten zurückweichen will, aber mit dem Riemen an den Maisstängeln hängen bleibt. Sie klagt auf!

Ich reiße mein Gewehr von der Schulter, stürme nach vorn zum Hund. Der hängt am Riemen fest, der sich wiederum um die Maispflanzen gewickelt hat. Die Sau aber ist weg. Vor dem Hund wieder ein tiefer Kessel. Hier hatte die Sau offenbar gesessen und den Hund auflaufen lassen.

Aus einer Arterie am Schulterblatt der Hündin spritzt in einem feinen Strahl im hohen Bogen das Blut. Ich muss mich erst einmal orientieren, wie ich aus diesem Maisdschungel am schnellsten nach draußen komme. Bevor wir starten, markiere ich aber noch den Kessel mit einem Farbband hoch oben an einer Maisstaude. Ich gelange mit dem verletzten Hund in der richtigen Richtung nach draußen.

Schnell geht es zum Tierarzt. Die Wunde wird genäht. Sie hat zwar stark geblutet, aber es ist keine gravierende Verletzung. Das ist vorerst noch mal gut gegangen! Wird aber an diesem Tag noch anders werden …

Es muss ein neuer Anlauf genommen werden, den Keiler zur Strecke zu bringen. Im Nachbarort gibt es einen Meutehundführer, der sicher ein Dutzend Terrier im Zwinger hat und vom Herbst an mit diesen fast täglich zu Drückjagden unterwegs ist. Ich schildere ihm die Situation per Telefon und bitte ihn, mich mit einem Terrier zu unterstützen. Ich will jetzt mit meiner alten Hündin *Kira* die Fluchtfährte aufnehmen und dann, im hoffentlich richtigen Augenblick, den Terrier schnallen. Der wäre wegen seiner geringeren Größe und dem geringeren Gewicht nicht so gefährdet. Aber heikel genug wird diese Aktion trotzdem werden!

Die Sau ist offensichtlich stärker als angegeben, das konnte ich schon an der Größe der Kessel erkennen, und es handelt sich um einen Keiler, denn die Haut des Hundes ist aufgeschlitzt. Zu erwarten ist aber auch, dass der Basse sich nicht ein weiteres Mal wegtreiben lassen wird!

Jagdkollege Winfried aus dem Nachbarort Mannebach erscheint mit einem Jungjäger, der ihn hin und wieder begleitet, und mit fünf Hunden zur vereinbarten Uhrzeit am „Tatort". Mit *Kira* begebe ich mich nun zu der Stelle mit der Markierung. Der Keiler hat sich nach dem Angriff auf meine junge Hündin weiter in den Mais zurückgezogen. *Kira* fällt die Fährte an. Vorsichtig und angespannt tasten wir uns vorwärts, der Jäger hinter mir mit zwei Terriern.

Wir durchqueren so den gesamten Schlag bis zu einem Weg. Dahinter erstrecken sich weitere Maisäcker. Jetzt gehe ich nicht mehr weiter! Da die Schwere der Schussverletzung feststeht und es mich mehr als wundert, dass diese Sau immer noch lebt, fordere ich meinen Begleiter auf, seine Hunde zu schnallen.

Es dauert vielleicht eine Minute, als Standlaut der beiden Kämpfer etwa 100 Meter vor uns aus dem nächsten Maisfeld erklingt.

„So“, meine ich zu meiner Kira, „unser Auftrag ist erst einmal beendet. Zum Bail muss jetzt der Führer der Terrier.“

Ob sich dieser mit seinem jungen Begleiter abgesprochen hat, weiß ich nicht. Weil ich nicht im Wege stehen will, beobachte ich aus sicherer Entfernung, wie der junge Mann auf den Standlaut der Hunde in den Maisacker stürmt und erst einmal verschwunden ist. Dann plötzlich ein regelrechter Tumult im Mais! Es schreit der Mann, es bellen die Hunde und es fällt ein Schuss! Dann ist erst einmal Ruhe.

Nichts Gutes ahnend, laufe ich zum Feldrand des Maisverhaus. Aus dem Mais taucht der Jungjäger auf, mir schon entgegen rufend: „Die Sau hat mich geschlagen, hol’ einen Krankenwagen!“ Ich kann noch nichts erkennen, aber er zeigt auf sein Bein. „Die Hose runter“, fordere ich ihn auf, was er auch tut, und dann sehe ich, dass der Keiler ihm das ganze Wadenbein aufgeschlitzt hat. Es sieht etwa so aus wie seiner Zeit bei der Attacke des Keilers auf Nico. Nur kann dieser Patient wohl weniger Blut sehen, denn er fällt beim Anblick seiner Wunde erst einmal um. Er gibt mir noch zu verstehen, dass er den annehmenden Keiler im Mais wohl vorbeigeschossen hat.

Per Funk hole ich den Schützen, der den ganzen Tag die Nachsuche begleitet hat, mit seinem Auto herbei. Wir wollen möglichst jeden Auflauf vermeiden. Bei der Alarmierung eines Krankenwagens wäre auch gleichzeitig die Polizei mit ausgerückt und wir kämen mit unserer Nachsuche nicht weiter, denn zwischenzeitlich hören wir weiter entfernt den anhaltenden Standlaut der beiden Terrier.

Der Verletzte wird von uns verbunden, ins Auto verfrachtet und der Schütze bringt ihn ins Krankenhaus, wo er längere Zeit stationär behandelt werden muss.

W. holt im Sturmschritt sein Fahrzeug heran und schnallt auch noch den Rest seiner Meute. Kurz danach sind alle Hunde an der Sau. Nun muss auch der Führer zum Standlaut, um das Stück zur Strecke zu bringen. Auf keinen Fall dürfen wir zu zweit uns der kranken Sau nähern. Jetzt, wo fünf Hunde den Keiler stellen, ist es äußerst schwierig, den Fangschuss anzutragen, ohne die Hunde zu gefährden. Es dauert auch einige Zeit, bis im Mais ein Schuss fällt. Der Laut der Hunde erlischt und kurze Zeit später erscheint auch der Hundeführer. Er hatte zwischen den Hunden dem dreijährigen Keiler beim Annehmen die Kugel zwischen die Lichter gesetzt.

Zwei der Terrier sind geschlagen und müssen tierärztlich versorgt werden. Sie werden aber überleben. Das Schwein wiegt 92 kg. Wieder einmal haben sich die Angaben des Schützen, was Größe und Alter der beschossenen Sau angeht, nicht bewahrheitet.

Die Kugel im Kaliber .30-06 hatte beide Lungenflügel durchschlagen. Der Fangschuss fällt am Sonntagnachmittag gegen 15.30 Uhr, 19 Stunden nachdem die Sau erstmals beschossen wurde.

Glück hatten die Jäger allerdings, dass sie nicht in der Nacht schon auf die Sau aufgelaufen sind. Das hätte böse ausgehen können, denn die Verletzung war schon so stark, dass das Stück gleich zum Angriff übergegangen wäre. So ist die Nachsuche zwar erfolgreich beendet worden, hatte aber eine verletzte Person und drei geschlagene Hunde zur Folge. Ein hoher Tribut, den wir an diesem Tag unserem Einsatz zollen müssen, aber leider gehört auch das zu „unserem Geschäft“.

REHWILDNACHSUCHEN

Meine über 50 Jahre andauernde Schweißhundführertätigkeit begann mit Nachsuchen auf Rehwild. Viele der Einsätze auf diese Wildart waren ebenso spannend, beglückend oder enttäuschend wie manche Nachsuchen auf Hochwild. Die Nachsuchen sind schwer und weisen insgesamt die geringste Erfolgsquote auf.

Bei den Schweißhundführern ist es eine Weisheit, dass die Schießkunst der Jäger auf Böcke gegenüber weiblichem Rehwild deutliche Defizite aufweist. Wie wäre es sonst anders zu erklären, dass der Anteil von Nachsuchen, zu denen Schweißhundführer angefordert werden, in einem Verhältnis von etwa 9 : 1 liegt. Oder ist der Grund vorrangig darin zu suchen, dass die Trophäen der Böcke die Wand des Jägers schmücken, während bei Ricken höchstens die Decke gegerbt werden kann? Dafür nimmt man gegebenenfalls auch Mühen und Kosten auf sich. Beim weiblichen Wild ist der Wille, das krank geschossene Stück zur Strecke zu bringen, augenscheinlich weniger stark ausgeprägt.

Somit ist auch die Saisoneröffnung für Nachsuchen mit dem Aufgang der Bockjagd identisch. Früher war es der 16. Mai, seit einigen Jahren geht es bereits am 1. Mai los.

Dass Rehwildnachsuchen in der klassischen Nachsuchentradition keine bedeutende Rolle spielten (ich nenne es mal vorsichtig so), hat mehrere Gründe:

Rehwild ist eine territorial lebende Schalenwildart, mit nicht sehr langen Fluchtdistanzen und der Fähigkeit, sich auf engstem Raum bestens zu drücken. Es ist der sogenannte Buschschlüpfertyp.

Rehe gehörten zum hauptsächlichen und wesentlichen Beutetier der Vorfahren unserer Hunde. Deshalb liegt in den Genen aller Hunde immer noch der Drang, am liebsten Rehe zu fangen. Dies erkennt ein Hundeführer sehr schnell, wenn er mit einem jungen Hund, egal welcher Jagdhunderasse, Rehwild begegnet. Der Junghund wird sofort einen ausgeprägten Jagdtrieb zeigen.

Hunde rehrein zu machen, bedarf einer intensiven und konsequenten Abrichtung. Je weniger ein Hund mit dieser Wildart in Berührung kommt, umso einfacher ist es, es für ihn uninteressant erscheinen zu lassen. Bei Nachsuchen auf Hochwild, die in aller Regel lange Flucht- und damit auch Riemenarbeitsdistanzen mit sich bringen, kreuzen immer wieder Rehe die Fährten. Je uninteressanter Rehwild für den eingesetzten Schweißhund ist, umso einfacher wird er sie ignorieren, je „verleitungsresistenter" ist er.

Des Weiteren kommt hinzu, dass verletzt flüchtende Rehe in aller Regel vom Hund gefangen werden müssen, denn sie stellen sich nur sehr selten. Schweißhunde sollen aber grundsätzlich ein Stück Wild stellen und nicht niederziehen, denn damit entgehen sie dem unmittelbaren Körperkontakt und der größten Verletzungsgefahr.

Dies sind zwei wesentliche Gründe, warum mit den Hannoverschen Schweißhunden in früherer Zeit kaum (heute häufiger) Rehwild nachgesucht wurde. Mit Überheblichkeit der Nachsuchenführer hatte das nie etwas zu tun.

Ich kam nun aus einem Revier oder besser gesagt aus einer Landschaft, wo in den Nachkriegsjahren das Rehwild die dominante Schalenwildart war. Ich habe auch in den jagdpolitischen Funktionen, die ich in meinem Leben innehatte, immer darauf hingewiesen, dass wir den ordnungsgemäßen Nachsuchen auf Rehwild mehr Bedeutung zukommen lassen müssen. Das ist auch heute noch eine zentrale Aussage bei meinen Anschussseminaren.

Heute werden in der Bundesrepublik Deutschland jährlich rund 1,2 Millionen Rehe erlegt. Wenn wir davon ausgehen, dass von dieser Strecke nur etwa 3 Prozent durch Hunde nachgesucht werden müssen, dann kommen wir auf etwa 36 000 Rehe. Davon sind sicher nicht alle Nachsuchen unbedingt langwierig und schwierig, aber wir wissen, dass auch recht kurze Suchen manchmal sehr kompliziert werden können.

Mit meinen Hunden habe ich insgesamt über 2 000 Rehe nachgesucht. Viele Stücke konnte ich von Leid und Qual erlösen, vielen Schützen den Bruch überreichen und zahlreiche Jäger glücklich machen. 80 Prozent aller erfolgreichen Rehwildnachsuchen endeten mit Hetzen, denn Schweißhundführer werden in der Regel nur in schwierigen Fällen gerufen, das sind dann meist keine kurzen Totsuchen.

Viele Böcke haben wir aber leider nicht zur Strecke bringen können, obwohl sie verletzt waren, und das nicht immer nur mit kleinen Kratzern. Die Erfolgsquote bei Rehwildnachsuchen liegt deutlich unter der von Nachsuchen auf anderes Schalenwild. Woran liegt das?

Ich habe bereits auf die Besonderheiten des Rehwildes hingewiesen. Diese Wildart gibt es in dieser Form schon seit Millionen von Jahren. Dies ist aus zahlreichen Fossilienfunden bekannt. Rehe haben es über die gesamte Evolutionsphase verstanden, sich den Beutegreifern immer wieder zu entziehen. Sie haben weder ein großes Lungenvolumen, um lange Fluchtstrecken zurücklegen zu können, noch sind sie wehrhaft. Dennoch haben sie als eigene Art überlebt!

Die Natur hat dem Reh einiges an Überlebensstrategien mitgegeben. So verflüchtigen sich die Gase der Schalenabdrücke sehr schnell. Damit fällt es jedem Verfolger nach einer gewissen Dauer schwer, die Fährte noch zu riechen. Außerdem haben Rehe ein sehr individuelles Fluchtverhaltensmuster. Werden sie verfolgt, so kreuzen sie ihre eigene Fluchtstrecke gern oft mehrmals, um damit den Feind zu irritieren. Zudem können sie sich in kleinsten Bereichen gut verstecken. Sie drücken sich oft so eng an den

Boden, dass der Verfolger an ihnen vorbeiläuft. Dieses Verhalten und diese Fähigkeiten haben dem Rehwild mit geholfen, seinen Fortbestand bis heute zu sichern.

Auch bei der Nachsuche von kranken Stücken spielen diese Eigenarten und Fähigkeiten eine besondere Rolle und erschweren die Verfolgung ganz entscheidend. Rehe haben keine weiten Fluchtdistanzen, so wie wir sie von anderen Schalenwildarten kennen. Sie bewegen sich im Allgemeinen immer in einem sehr überschaubaren Bereich, da sie absolut territorial leben. Weil dies so ist, sitzen beschossene und verletzte Rehe auch meist nicht sehr weit vom Anschuss entfernt im Wundbett, selbst bei Verletzungen, die bei anderen Wildarten zu weiten Fluchtentfernungen führen.

Leider, dies lehrten mich meine zahlreichen Einsätze, wird aber auch keiner anderen Wildart so häufig nach Schussabgabe „hinterhergelaufen“ wie krank geschossenen Rehen. Dadurch

Starker Bock, gestreckt nach langer Suche und Hetze. Erleger mit Verfasser und Fred Carl mit Don

werden sie aufgemüdet, häufig ohne dass es vom suchenden Jäger bemerkt wird, weil sich beispielsweise der laufkranke Bock leise wegschleicht. Aus dem Wundbett hochgemachte Stücke sind schwieriger wieder aufzufinden, denn diese Stücke merken, dass sie verfolgt werden, und versuchen sie mit allen Mitteln, den Verfolger „auszutricksen".

Die Fluchtstrecke vom Anschuss zum ersten Wundbett ist in aller Regel kürzer, als die Fluchtstrecke von einem Wundbett, aus dem das kranke Stück hochgemacht wurde, bis zum nächsten Wundbett. Wenn dann auch noch der Schweiß nachgelassen hat, weil die Blutung seit dem Aufenthalt im Wundbett gestillt ist, wird die weitere Riemenarbeit oft sehr viel schwieriger. Kontrollmöglichkeiten fehlen und die Fährte ist für den Hund deutlich schlechter zu riechen.

Das sind alles Gründe, warum Rehwildnachsuchen meist so schwierig werden und warum sie oftmals erfolglos enden. Natürlich sind es vor allem überwiegend Nachsuchen, bei denen das Stück Rehwild keinen zentralen Körpertreffer erhalten hat. Rehe „vertragen" nicht sehr viel. Bei Treffern auf dem Wildkörper liegen die Stücke meist in einem Umkreis von maximal 100 Metern. Ist ein Reh nicht in diesem Radius aufzufinden, handelt es sich meist um einen schlechten Schuss, häufig um Verletzungen an der Peripherie des Körpers. Lauftreffer sind dabei noch die Verletzungsart mit der größten Erfolgschance für eine Nachsuche.

Die besten Erfolge hatte ich mit den Schweißhunden, die ausgesprochen gute Schnüffelarbeit leisten wollten. Das waren insbesondere *Treu*, *Edda*, *Kira* und heute meine *Birka*.

Ungezählte Suchen auf kranke Rehböcke sind mir in guter Erinnerung. Bei manchen war auch eine große Portion Dusel im Spiel. Das Glück stand uns auch bei nachfolgender Begebenheit zur Seite:

Ich werde wieder einmal zu einer Bocknachsuche gerufen. Mich begleitet neben meinen Hunden auch meine kleine Tochter

Christina, die gerade mal 5 Jahre alt ist, aber unbedingt einmal mit Papa zur Nachsuche will.

Wir buchstabieren mit *Edda* die Krankfährte aus, kommen aber an einem Punkt einfach nicht mehr weiter. Wir ziehen Kreise und ich lasse die Hündin vorhin suchen. Trotzdem schaffen wir es einfach nicht, den Anschluss zu finden. Nach einer Stunde ergebnislosen Suchens geben wir auf und marschieren durch ein Buchenaltholz in Richtung der abgestellten Autos.

Hinter mir läuft meine Tochter. Plötzlich meldet sie sich mit den Worten: „Papa, hier ist Schweiß!", und sie zeigt auf den Boden. Den Begriff „Schweiß" kennt sie schon. Tatsächlich! Auf einem trockenen Buchenblatt ist ein Tropfen Schweiß zu erkennen.

Da hat doch das kleine Mädel während des Laufens diesen Tropfen gesehen. Ich setze dort meine Hündin erneut an und es gelingt, die Fährte von diesem Punkt an weiter zu verfolgen. Den Bock bringen wir dann tatsächlich noch zur Strecke. Er sitzt im hohen Kraut und noch ehe er das Wundbett verlassen kann, trage ich ihm den Fangschuss an. Warum wir den Haken vorher nicht gelöst bekamen, ist nicht nachzuvollziehen.

Aber dies ist häufig der Fall. Wir wissen meist nicht, ob der Hund die Duftpartikel gut aufnehmen kann, woran er sich letztlich orientiert und warum er trotz guter Voraussetzungen die Fährte verloren hat.

Witterung spielt eine wichtige Rolle. Starker Frost und Eisregen binden die Witterung oft so, dass selbst bei genügend vorhandenem Schweiß der Hund keine nasenmäßige Verbindung herstellen kann. Regen, soweit es sich nicht um absoluten Starkregen handelt, vernichtet die Geruchspartikel längst nicht so, wie mancher das glauben mag. Allerdings ist die Kontrollmöglichkeit, also das optische Erkennen von Schweiß auf der Wundfährte durch den Führer, dann eingeschränkt oder überhaupt nicht möglich.

Es galt und gilt für mich immer der Grundsatz, dass ich nie durch reine Beschreibung der Situation im Revier per Telefon eine Aussage über Erfolgschancen der Nachsuche treffe. Zu häufig habe ich aufgrund der fernmündlichen Beschreibung geglaubt, dass ich den Weg eigentlich nicht zu machen brauche, denn nach der beschriebenen Situation vor Ort schien es eine „Mission impossible" zu sein. Dennoch werde ich sehr häufig eines Besseren belehrt. In ungezählten Fällen habe ich das Wild trotz scheinbar aussichtsloser Situation erfolgreich zur Strecke gebracht, manchmal sogar recht zügig.

Rehwildnachsuchen werden meist mit einer Hetze beendet, weil die Stücke, zu denen ich gerufen werde, in der Regel schlechte Schüsse haben. Nun ist das mit der Hetze so eine Sache. Leider hat auch in meiner Heimat der Straßenverkehr immens zugenommen. Konnte ich früher noch einigermaßen an kleinen Seiten- oder Ortsverbindungsstraßen den Hund gefahrlos schnallen, so ist das in den vergangenen Jahren erheblich gefährlicher geworden. Der Anteil an Motorrädern hat enorm zugenommen. Die Biker suchen bei uns gerade die kurvenreichen, engen Straßen. Hier scheint das Motorradfahren besondere Freude zu machen.

Mein Alptraum ist seit Jahren der, dass ich den Hund schnalle und dieser in einen Pulk rasender Motorräder gerät. Nicht auszudenken, welche Folgen das für alle Beteiligten haben könnte! In meinem Haupteinsatzgebiet ist in den Sommermonaten eine besonders hohe Konzentration an Motorrädern zu verzeichnen, denn vor meiner Tür liegt die berühmte Rennstrecke, der Nürburgring. Ein Schnallen ist daher oft nicht möglich und dadurch haben wir manches Stück Wild nicht bekommen.

Deshalb habe ich mit Zunahme des Verkehrs, speziell der Motorradfahrer, häufiger als früher das Schnallen meiner Hunde unterlassen. Dadurch verringerte sich aber auch die Chance, ein krankes Stück zur Strecke zu bringen. Aber die Sicherheit für Hund und Straßenverkehrsteilnehmer geht vor, dies haben in letzter Zeit zahlreiche Gerichtsurteile bestätigt. In manchen Fällen habe ich die Polizei zu Hilfe gerufen, damit eine Straße abgesichert werden kann, wenn es nötig ist.

Aber manchmal geht es auch anders. Bereits vor etwa 25 Jahren, bei meinem ersten Zusammentreffen mit dem Altmeister der Nachsuche, dem damals einzigen hauptamtlichen Schweißhundführer der Bundesrepublik, Herbert Bansen, berichtete mir dieser, dass er manchen Bock mit Lauf- oder Krellschuss am Riemen gefangen habe. Das sei am besten möglich bei Böcken, die morgens beschossen wurden, wenn sie den Pansen voll Nahrung haben.

Der Wiederkäuer könne bei einer schweren Verletzung seine Äsung, die sich bereits im Pansen befindet und dann noch mal zerkaut werden muss, nicht mehr zurückschlucken, ebenso wie es dem Stück erst mal nicht mehr möglich ist, die Blase zu lehren. Vielen Jägern wird die prallgefüllte Blase bei einem Bock, der über Stunden noch gelebt hat, beim Aufbrechen aufgefallen sein. Durch den Schock arbeitet die innere Muskulatur offensichtlich nicht mehr. Ich bin kein Mediziner, ein Arzt kann das sicher besser erklären.

Fest steht aber, dass bei Stücken, die nicht mehr wiederkäuen, sich vermehrt Gase im Pansen bilden. Diese blähen ihn auf und drücken auf Zwerchfell und Lunge. Wird ein solches Stück verfolgt, so ist es in der Fluchtmöglichkeit wegen fehlender Lungenkapazität beeinträchtigt.

Ich habe in der Folgezeit gemäß dieser Schilderung von Herbert Bansen Rehe, die ich in der Nähe einer Straße nachsuchen musste, permanent am Riemen verfolgt. Wenn der Bock zum ersten Mal im Wundbett hochwurde, haben wir auf der frischen Wundfährte weitergearbeitet. Irgendwo sind wir wieder an den Bock, der sich erneut niedergetan hatte, rangekommen. Wurde er abermals hoch, folgten wir wieder seiner Fährte. Am nächsten Wundbett der gleiche Vorgang. Aber die Distanzen zwischen den einzelnen Wundbetten, oder besser gesagt, den Stellen, an denen sich das verletzte Reh niedertut, werden zunehmend kürzer – ihm bleibt förmlich die Luft weg!

Rehwildnachsuche, abgenickter Bock

Rehwildnachsuche. Treu mit Drosselgriff bei laufkrankem Bock

Zum Schluss bleibt der Verfolgte recht lange sitzen, lässt uns fast auflaufen. Ich habe, wenn ich merkte, jetzt haben wir wieder aufgeschlossen, den Riemen kürzer gefasst und ihn dann, wenn der Hund unmittelbar vor dem noch sitzenden Stück angekommen war, durch die Hand gleiten lassen. Damit hat der Hund für ein paar Meter die entscheidende Freiheit, das Stück zu fassen.

Voraussetzungen, damit das gelingt, sind ein fährtentreuer und wildscharfer Hund, der auch im entscheidenden Moment zufasst, ein Führer, der gut zu Fuß ist, und ein Gespann mit bester Kondition.

In späteren Jahren habe ich mit verschiedenen Hunden auf diese Art, in Bereichen, wo das Schnallen aus Sicherheitsgründen absolut nicht möglich war (meist an stark befahrenen Straßen), manchen Bock am Riemen gefangen!

VIZA Z. JAVORNICKE-LOUKY, GENANNT KIRA

Ja, ich hatte Glück, Glück so viele Spitzenhunde besitzen und führen zu dürfen. Es ist heute schwierig für mich, in einer Art Bilanz festzustellen, welcher Hund denn jetzt der beste, der erfolgreichste oder vielleicht mein liebster war.

Der liebste ist immer der, den man gerade besitzt. Insofern ist diese Frage am einfachsten zu beantworten. Und was den besten

Kira am gestreckten Hirsch

angeht, so könnte man einfach die Erfolge, das gefundene Wild aufaddieren und würde das gegebenenfalls noch in Kilogramm und Euro umrechnen. Aber auch damit wäre es nur eine statistische Aussage und würde über die Eigenart, den Charakter und das Besondere jedes einzelnen Hundes nichts erklären. Deshalb will ich auch kein Ranking meiner Hunde vornehmen, sondern herausstellen, dass jeder Hund, den ich in meinem Leben geführt habe, Stärken und hin und wieder auch Schwächen hatte.

War der eine ein besonders exzellenter Riemenarbeiter, lag bei einem anderen die besondere Stärke in der Hetze. Mein bester Hannoverscher Schweißhund in der Hetze war zweifelsfrei *Bodo von der Hirschwiese*. Er hatte von Jugend an meist in Begleitung meines Deutsch-Drahthaar *Basko vom Kanonenturm* die Verfolgung von flüchtigem Wild erlernt. *Basko* war ein Packer. Hatte er die Sau eingeholt, saß er auch schon im Nacken des Stückes und ließ nicht mehr los. Über 30 Mal hat dieser Hund auf dem OP-Tisch gelegen und wurde zusammengenäht. Die Prognose meiner Tierärzte, dass die Attacken meines Hundes irgendwann mal nicht mehr zu reparieren wären, bewahrheitete sich gottlob nicht. *Basko* hatte ein zwar oft schmerzhaftes, aber ausgefülltes Leben hinter sich, als er im 13. Lebensjahr, völlig verbraucht, sich nicht mehr auf den Läufen haltend, nach einer Spritze in meinen Armen einschlief.

Hunde lernen keine Riemenarbeit von einem anderen Hund. Da kann man sie auch noch so oft hinter dem vorn eingesetzten Fährtenhund nachführen. Für den Job am Riemen muss ich jeden Hund individuell einarbeiten. Bei der Hetze allerdings kann ein junger Hund von einem anderen, mit dem er zusammen das Wild verfolgt, sehr wohl viel lernen. Das führte dazu, dass mein *Bodo* in der Manier eines Deutsch-Drahthaar die Hetze anging und auch zupackte, wenn er konnte. Schwächere Sauen hielt er immer so lange, bis ich oder ein Helfer die Sau abfingen.

Bodo war aber auch der Schweißhund, der die Arbeit einstellte, wenn er glaubte, dass das Stück nicht mehr zu kriegen war. Er ließ sich dann von mir auch nicht mehr animieren oder in einer anderen Weise zur Weiterarbeit überreden. Wenn ich ihn aufforderte, in der Riemenarbeit weiterzumachen, suchte er Schutz bei umherstehenden Teilnehmern und setzte sich diesen zu Füßen. Da war denn nichts mehr zu machen und die Suche damit beendet. Allerdings muss auch gesagt sein, dass in keinem Fall mit einem anderen Hund das kranke Stück dann noch zur Strecke gebracht worden ist.

Bodo war mehrere Jahre lang mein einziger Hund und das in einer Zeit, als in meiner Schweißhundstation Hochkonjunktur herrschte. Ich arbeitete zu dieser Zeit auf sehr „dünnem Eis". Bereits die kleinste Verletzung konnte meinen Hund und mich außer Gefecht setzen und damit unsere Arbeit und unsere Hilfe beenden. Ich brauchte dringend einen weiteren Hund.

Im Verein Hirschmann wurde zu dieser Zeit recht sparsam gezüchtet. Es konnten längst nicht alle Welpenbewerber schnell und umfassend bedient werden. Im Frühjahr des Jahres 1997 erhielt ich vom damaligen Zuchtwart Peters die Nachricht, dass in Absprache mit dem Zuchtwart des tschechischen Schweißhundevereins zwei Welpen aus dem Nachbarland nach Deutschland gehen sollten. Er hätte gerne, dass beide Welpen in Hände erfahrener Führer gelangten, um später Aussagen über die Leistungsfähigkeit dieser Hunde treffen zu können. Die Hündin erhielt ich, ein kleiner Rüde ging zum Kollegen Helmut Schulze in die Lüneburger Heide.

Der Zwinger hatte den für mich damals schwer auszusprechenden Namen *Javornicke-Louky.* Die Hündin hieß *Viza.* Ich taufte sie auf den Namen *Kira.* Sie wurde in vielerlei Hinsicht ein legendärer Hund. Sie war schon sehr früh eine sichere Riemenarbeiterin, immer die Nase am Boden, ähnlich meiner *Edda* aus früheren Jahren. Sie hetzte sicher und anhaltend und wurde Mutter von 19 Welpen aus zwei Würfen.

BAUCH UND KOPF

Dass *Kira* einer der erfolgreichsten Schweißhunde des Vereins Hirschmann wurde, habe ich bereits erwähnt. Zu ihrem Tod habe ich einen Artikel für den Hirschmannbrief im Jahre 2011 verfasst. Ich möchte ihn in diesem Buch noch mal wiedergeben:

„Sie hieß Viza z Javornicke-Louky, ZB Nr. 2281, wurde von mir „Kira“ gerufen und war sicher einer der erfolgreichsten Hunde des Vereins Hirschmann in den letzten Jahrzehnten. Gewölft wurde sie am 7. Febr. 1997 in Tschechien, gestorben ist sie am 28. November 2011 in meinen Armen, durch Verabreichen einer entsprechenden Injektion, weil ihr Körper sie nicht mehr tragen konnte.

Zwischen beiden Daten liegen fast 15 Jahre, 15 Jahre erfolgreichen Wirkens im Sinne verantwortungsvoller Nachsuchen, das Gebären von 19 Welpen, die zum großen Teil ebenfalls sehr leistungsstark auf der Rotfährte geführt wurden, und der Einsatz auf 1 537 Hochwildnachsuchen mit dem Erfolg von 541 gefundenen und zur Strecke gebrachten Stück Hochwild auf erschwerter Suche und noch mal ca. 500 Stücke Hochwild mit leichterem Einsatz, sowie die erfolgreiche Nachsuche von 130 Stücken Rehwild, meistens Böcken. Dies ist, nüchtern vorgetragen, die Lebensbilanz dieses Hannoverschen Schweißhundes im Herbst 2011.

Kira wurde alt, älter als die allermeisten, stets im Einsatz befindlichen Schweißhunde und dennoch tut ihr Ableben so weh.

Das bisher Vorgetragene, sagt der Kopf, ist dort gespeichert und gibt nur die Fakten wieder.

Der Kopf sagt: „Sei dankbar, dass du einen solchen Hund hattest und diesen so lange führen konntest!“ Und er hat ja Recht!

Wäre da nicht noch der Bauch. Er hat zuerst und unmittelbar in den schweren Stunden des Todes und auch noch danach die Oberhand erkämpft. In ihm ist die Erinnerung und mit ihr Trauer und Wehmut gespeichert. Erinnerungen an so vieles!

Die ungezählten spektakulären Nachsuchen, die Einsätze, bei denen niemand mehr glaubte, dass das krank geschossene Stück noch zur Strecke zu bringen sei, nachdem bereits mehrere Schweißhunde vergeblich daran gearbeitet hatten.

Oder die Suche auf die Sau mit Gebrechschuss, die am Tage zuvor bereits von Hunden gehetzt und dann am nächsten Tag von Kira nach durchregneter Nacht erfolgreich über Kilometer nachgearbeitet wurde.

Da war die Suche, die auf der Autobahn endete. Da waren die Suchen, bei denen sie selber vom Keiler geschlagen wurde und später durch den Wundkanal sich Luft unter ihrer Haut sammelte, die den Hund förmlich aufgeblasen erscheinen ließ. Da waren aber auch die Attacken der Keiler auf mich und meine Helfer, die jeweils Krankenhausaufenthalte nach sich zogen. All das und vieles mehr habe ich mit ihr, meiner treuesten und besten, erlebt. Ja, und es waren die vielen Freundschaften, die wir durch sie neu geschaffen haben. Wie ein Film bringt der Bauch diese Erinnerungen nach oben. Sie machen so traurig.

Kira und ich, wir waren eins, wir standen zusammen, einer für den anderen. Sie konnte sich so gut mitteilen, zeigte ganz genau, wenn vor uns das kranke Stück saß oder unsichtbar vor uns das Wundbett verlassen hatte.

Sie hatte alles, was wir von einem Schweißhund wünschen können: den unermüdlichen Finderwillen, das staubsaugerähnliche Abschnüffeln des Waldbodens, das Nie-Aufgeben.

Spektakulär noch einer ihrer letzten Einsätze vor wenigen Wochen, als wir an einer gekrellten Sau, die keinerlei Pirschzeichen mehr hinterließ, mit meiner jungen Hündin, Kiras Enkelin, aufgeben wollten, ich es noch mal mit Kira „probierte" und diese, obwohl das Auto bereits herbeigeholt und die Sachen zusammengepackt waren, dort am Weg sich auf einer Fährte „festbiss", die wir dann auch weiterverfolgten, und uns letztlich ans kranke Stück brachte. Es wurde vom Loshund gehetzt und gestellt.

Ja, Kira wurde bei ganz schweren, pirschzeichenlosen Nachsuchen noch immer wieder gebraucht. Kira war unbestechlich und absolut verleitungsfrei. Mit ihr konnte eigentlich jeder einer Krankfährte folgen. Sie hat nicht nur mit mir gearbeitet, sondern war auch zeitweise überwiegend bei unseren Freunden zu Hause und hat auch mit diesen oft Unvorstellbares geleistet.

Die Wehmut hat mich ergriffen, die Gedanken an die Krone der Nachsuche. Die Arbeit mit dem perfekten Schweißhund, der für viele ein immerwährender Traum bleiben wird.

Kira war eine Legende, schon zu Lebzeiten, sie wird eine Legende in der Arbeit, der wir uns verschrieben haben, bleiben.

Nun halte ich sie in meinen Armen. Ich, der den Tierarzt habe kommen lassen, weil ich der Meinung war, dass es nicht mehr ging. Tagelang hatte sie ihre Hinterläufe nachgezogen, sie konnte sich nicht mehr halten. Alle Spritzen halfen nichts! Es war vorbei! Und dennoch kam ich mir vor wie ein Verräter. Ich, der sie immer beschützt hatte, ich, ihr Meuteführer, lieferte sie jetzt aus! Sie war bis zuletzt aufmerksam und wusste was jetzt „gespielt" wurde …

Der Bauch treibt die Tränen, sie laufen über mein Gesicht. Aber sie werden versiegen und es wird der Kopf gewinnen, der Kopf, der mir sagt: „Das Hundeleben ist nun mal in aller Regel wesentlich kürzer als das des Menschen, und wenn ein Hund alt geworden ist, dann war das eine Gnade. Sei dankbar, dass es Kira gab!"

DER BESTRITTENE HIRSCH

Wir schreiben das Jahr 2003. Der September zeigt sich von seiner schönsten Seite. Bereits seit dem 10. dieses Monats melden die Hirsche im Revier meines Freundes Elmar. Die klaren Nächte haben offenbar ihren Testosteronspiegel früh ansteigen lassen. Ich sitze abends und morgens an einem der schönsten Brunftplätze unserer Hegegemeinschaft – nicht um einen Hirsch zu erlegen, sondern um die Brunft, eines der letzten großen Naturschauspiele in unserer so stark zersiedelten und industrialisierten Welt zu erleben, zu genießen und auf Foto und Video festzuhalten.

Mächtig meldet ein Hirsch im Forstort Wurmerich. Er zieht abends auf die Wiesen nahe der Hyrother Straße. Dort kann ich ihn abpassen und es gelingen herrliche Aufnahmen. Es ist ein für unsere Verhältnisse ungewöhnlich starker Hirsch mit bizarrem Zwanzigender-Geweih. Auch meinem Freund und Jagdpächter Elmar kommt er zu Gesicht. Mittags um 12 Uhr treibt er ein Tier auf der Wiese. Wir sind uns aber einig, dass er das Zielalter noch nicht erreicht hat und deshalb tabu ist.

Am 25. September sitze ich zusammen mit meinem Freund Achim draußen im Revier. Gegen 19 Uhr fällt unmittelbar hinter der Reviergrenze ein Schuss. Nichts Gutes ahnend, begeben wir uns mit einsetzender Dunkelheit nach Hause. Der Schuss hat uns schon sehr beschäftigt. Beim Abendbrot spekulieren wir noch darüber, als das Telefon klingelt. Am Apparat unser Nachbar mit den Worten: „Ich habe einen Hirsch beschossen, der liegt leider nicht und ist ins Revier ihres Freundes eingewechselt.“ Auf meine sofortige Frage nach dem Aussehen des Hirsches lautet die

Antwort: „Es ist ein starker Zwanzigender." Damit ist klar, dass es sich um den uns seit Tagen bekannten Hirsch handeln muss.

Am nächsten Morgen stehe ich mit *Kira* um 8 Uhr am Anschuss, der in der Tat etwa 50 Meter hinter der Grenze auf einer Wiese liegt. Wir finden tiefe Eingriffe. Die genaue Anschussstelle kann der Schütze nicht beschreiben. *Kira* verweist mir aber einige Wildbretteilchen und hier und da einige Tropfen Schweiß. Die Fährte führt durch Fichtenaltholz genau in eine Naturverjüngungsfläche, die das Wohnzimmer allen Rotwildes in dieser Ecke ist. Wild prasselt vor uns weg, aber *Kira* buchstabiert Meter für Meter unbeirrt weiter.

Schweißbestätigungen werden immer seltener und dünner. Dann stehen wir irgendwo innerhalb der Verjüngung vor einem Bett. Ich finde darin einen winzigen Tropfen Schweiß. Er ist trocken. Der Hirsch hat dieses Bett offensichtlich schon in der Nacht verlassen. Es gelingt uns auch noch, seine weitere Flucht zu bestätigen. Er ist ins Tal gezogen. Nahe eines Bachlaufes ein letzter Tropfen Schweiß. *Kira* bemüht sich, aber offensichtlich ist der Hirsch von hier ab durch den Wasserlauf gezogen. Wir bringen trotz größter Bemühungen die Fährte einfach nicht mehr weiter. Am Mittag geben wir mit hängenden Köpfen die Nachsuche auf. Der Hirsch bleibt vorerst verschwunden.

Sonntag, 30. November 2003: Spätabends klingelt wieder einmal das Telefon. Am anderen Ende mein Nachbarkollege Ralf: „Du hör mal, soeben hat mich ein Autofahrer informiert, er habe an der Straße von Bodenbach nach Senscheid einen kranken Hirsch im Scheinwerferlicht seines Autos gesehen. Ich bin gerade dort gewesen und sah ihn noch über die Wiese zum Wald wechseln. Es ist ein sehr starker Hirsch. Kannst du morgen früh mit dem Hund kommen, damit wir mal nachschauen?"

Am Morgen kann ich aber nicht sofort kommen, denn ich habe bereits einige Minuten vor diesem Anruf einem Jäger zugesagt, dass ich eine von ihm an diesem Abend beschossene Sau nachsuche. Also fahre ich zuerst zu der Arbeit mit der Sau und es ist bereits 10 Uhr, als ich am vereinbarten Treffpunkt ankomme.

An der Zufahrtsstraße, unmittelbar vor der Einfahrt zur Wiese, wo die Suche beginnen soll, stehen drei Jäger etwa 100 Meter vom vereinbarten Treffpunkt entfernt: Der Jagdpächter, sein Jagdaufseher und ein Jagdgast aus dem Revier, in dem die Wiese liegt. Ich fahre mit meinem Helfer auf die Grünfläche und rüste mich für die Suche. Ich werde auf die Stelle eingewiesen, wo der Hirsch Richtung Wald gewechselt ist. *Kira* bemüht sich und zeigt mir auch eine in dem nassen, weichen Boden deutlich erkennbare Fährte.

Die Hündin folgt ihr in das mit Buchen unterbaute Kiefernaltholz. Partien innerhalb dieses Bestandes sind etwas dichter, andere Stellen überschaubar, da der Unterbau hier sehr lückig ist. Wir arbeiten bedächtig, *Kira* ist sehr konzentriert.

Plötzlich wird sie energischer, fällt jetzt eine Fährte Richtung Straße an. Ich entdecke Schweiß. Frischen Schweiß! Was ist das? Wo kommt er her? Kreuzt hier etwa ein anderes beschossenes Stück unsere Arbeit? Die Jäger haben mir nichts gesagt. Sie sind während meiner Arbeit draußen an der Wiese geblieben. Ich komme an die Straße. Was sehe ich da deutlich im Bankett? Die Fluchtfährte eines starken Hirsches und auf dem Asphalt ein paar Tropfen Schweiß! Wie Schuppen fällt es mir von den Augen!

„Wer von Euch hat hier auf einen Hirsch geschossen?", fahre ich die drei Jäger an. Genau an dieser Stelle hatten sie gestanden, als ich mit dem Auto ankam. Jetzt wird mir klar: Sie suchten dort nach Schweiß, weil sie einen Hirsch vor meiner Ankunft beschossen hatten. Ich erfahre jetzt, dass diese drei Jäger, weil ich noch nicht vor Ort war, zwischenzeitlich selbst mit der Suche begonnen hatten. Im Kiefernaltholz war dabei aus einem Verjüngungshorst plötzlich ein Hirsch hochgeworden. Der Jagdaufseher hatte auf ihn einen Schuss abgegeben. Da die Jäger aber überhaupt nicht sicher waren, ob es sich wirklich um einen kranken Hirsch handelte, hatten sie mir lieber vorerst nichts davon gesagt. Vielleicht glaubten sie auch, dass er nicht getroffen sei. Vermutlich hatten sie die Hoffnung, dass ich all das nicht bemerken würde. Da hatten sie aber die Rechnung ohne *Kira* gemacht!

Es gibt erst mal ein mächtiges Donnerwetter und ich mache unmissverständlich klar, dass man mich nicht zum Idioten machen sollte.

Die weitere Verfolgung ist dann relativ einfach. Der jetzt frisch schweißende Hirsch, von dem ich immer noch nicht weiß, ob es wirklich der Altkranke ist und welche alte Verletzung er haben soll, ist jetzt ins Nachbarrevier gewechselt. Wir brechen erst einmal die Suche ab. Der Nachbar soll verständigt und der Hirsch „krank werden". Wir treffen uns nach dem Mittag an gleicher Stelle wieder. Die Nachbarn und mein Kollege Ralf sind jetzt auch anwesend.

Ich arbeite mit meinem jüngeren Hund, dem HS-Rüden *Asam von der Steinrausch,* einem Sohn von *Kira*, die Fährte weiter aus. Wir stoßen in einer Dickung – den Gesamtkomplex haben wir mit Schützen abgestellt – zuerst auf eine stärkere Sau, die wir aus ihrem Kessel werfen. Das beeinträchtigt aber die Arbeit des Hundes kaum. Kurze Zeit später vor uns Poltern, Äste brechen! Der Rüde will geschnallt werden. Ich löse die Halsung. Wir hören Hetzlaut, dann irgendwo Standlaut. Ich begebe mich schnellen Fußes in Richtung des Laut gebenden Hundes. Vor mir, wieder in einem Altholz, der sich stellende Hirsch, davor mein Hund. Welch ein Bild! Und ich erkenne auf den ersten Blick: Es ist unser Hirsch vom September! Das bizarre Geweih ist unverkennbar. Auf etwa 40 Gänge komme ich heran und trage dem Gestellten den Fangschuss an. Er bricht im Feuer zusammen.

Der Hirsch ist stark abgekommen. Am linken Vorderlauf, im Bereich des Ellbogengelenkes finden wir eine sehr starke Verdickung durch Kallusbildung am Knochen. Hier hatte die Kugel das Gelenk am 25. September zerschlagen. Leider haben wir ihn damals nicht zur Strecke bringen können.

Sehr schnell spricht sich die Erlegung dieses Hirsches herum, der übrigens 2003 bei der Landestrophäenschau mit 205 CIC-Punkten der stärkste Geweihträger des Landes Rheinland-Pfalz wird. Jetzt meldet der Schütze vom September Besitzansprüche an. Er habe den Hirsch ja krank geschossen, deshalb sei dieser nun zur Strecke gekommen. Auch der Schütze, der den Hirsch an diesem Morgen beschossen hatte und nicht mal erkannte, ob es sich wirklich um den Hirsch handelte, den der Autofahrer am Tag zuvor gesehen hatte, glaubt, dass der Hirsch ihm zusteht. Ja, und dann ist da auch noch der Revierinhaber, in dessen Revier der Hirsch jetzt liegt.

Er nimmt ihn mit, denn rechtlich steht ihm das Wild zu, das in seinem Revier zur Strecke kommt. Er hat eigentlich überhaupt keine Beziehung zu diesem Hirsch. Hat ihn zum ersten Mal gesehen, als er erlöst und gestreckt durch meinen Fangschuss im trockenen Herbstlaub lag. Aber er hat doch ein so starkes Geweih!

Was danach passierte, ist eine jagdliche Posse, die ihresgleichen sucht. Die Jagdzeitschriften stehen in der Folgezeit voll von dieser Begebenheit. In einem Beitrag will der Erstschütze, den ich mal so bezeichne, seinen Anspruch auch damit begründen, dass er den Hirsch in seinem Revier behütet und gehegt habe. Er beschoss ihn, als er dummerweise die Reviergrenze um 50 Meter überschritten hatte! Der Hirsch, der das Zielalter nach unserer und der Meinung der Bewertungskommission noch nicht erreicht hatte, hatte seinen Einstand während der Brunft im Revier von Elmar, wie ich schon eingangs beschrieben habe.

Der Revierinhaber des Erlegungsortes hatte keinerlei Beziehung zu ihm, meldete sich aber wortgewaltig, pressemäßig zu seinen Besitzansprüchen. Ruhig blieb in der Öffentlichkeit wenigstens der Jagdaufseher des dritten Reviers. Er hat sich wohl für sein Verhalten geschämt.

Am Ende werde ich dann noch selbst insofern in den Streit hineingezogen, indem behauptet wird, der Hirsch sei überhaupt

Asam v. d. Steinrausch

Der bestrittene Hirsch, 20-Ender nach Erlegung, gestellt von Asam v. d. Steinrausch

nicht krank gewesen und ich nur erpicht auf die Trophäe. Diese Unterstellung ist völlig absurd. Ich habe in keinem Moment auch nur andeutungsweise zu verstehen gegeben, dass ich eventuell an dem Geweih interessiert sei. Zufälligerweise hatte ich allerdings von allen Beteiligten die stärkste Beziehung zu diesem Hirsch, da ich ihn ausgiebig beobachtet und sogar gefilmt und fotografiert hatte, als er noch völlig gesund war.

Am Ende schreibt ein Beobachter dieser Auseinandersetzungen: „Das Beste wäre, man gibt das Geweih in eine Knopffabrik und jeder bekommt eine Tüte Knöpfe!“ Dem habe ich nichts hinzuzufügen!

AM NÜRBURGRING

Schwalbenschwanz", „Brünnchen", „Karussell", „Schwedenkreuz" oder „Adenauer Forst", das sind Ortsbezeichnungen, die bei jedem enthusiastischen Motorsportfan den Blutdruck ansteigen lassen, wenn er sie hört. Sie gehören allesamt zur Nordschleife des Nürburgrings, einer der ältesten und wohl bekanntesten Rennstrecken der Welt. Wenn der Wind aus Norden kommt, kann ich die Lautsprecherdurchsagen aus diesem Mekka des Motorrennsportes im Garten meines Hauses verfolgen. Das Aufheulen der Motoren lässt mich zumindest akustisch fast alle Rennsportveranstaltungen live erleben – so nahe wohnen wir an diesem Zentrum des Rennsports.

Der Nürburgring hat natürlich große negative Auswirkungen auf die Umwelt, das will ich nicht verleugnen. Er ist aber auch sicher für die Eifelregion ein großer Wirtschaftsfaktor und hält viele Menschen dieser Region in Lohn und Brot. Für meine Einsätze allerdings birgt die Metropole auch ein großes Gefahrenpotenzial.

Was aber viele nicht wissen, ist die Tatsache, dass die Jagdbezirke rund um und in der Nähe dieser Rennstrecke zu den wildreichsten Bereichen des gesamten Bundesland Rheinland-Pfalz zählen. Rot-, Muffel-, Schwarz- und Rehwild kommen hier in hoher Dichte vor und entsprechend hoch sind die Jahresstrecken. Wo viel Wild geschossen wird, da ist normalerweise auch viel nachzusuchen. Da macht die Gegend um den Nürburgring keine Ausnahme. Da auch die Fahrbahn dieser Nordschleife, die immerhin eine Länge von rund 22 km aufweist und durch die schönsten Waldareale des Ahr-/Eifelgebirges führt, kein wesentliches Hindernis für das

Wild darstellt, wird sie auch von Nachsuchen hin und wieder tangiert. Auch wenn keine offiziellen Rennen stattfinden, wird der Ring täglich von ungezählten Hobbyrennern befahren. Die Zäune entlang der Fahrbahn sind vielerorts durchlöchert wie ein Schweizer Käse.

Es ist der 24. Juni, ein Sonntag: Die Nordschleife des Nürburgrings ist belagert von Zehntausenden von Zuschauern, die entlang der „Grünen Hölle“, wie diese Rennstrecke auch genannt wird, seit mehreren Tagen campieren. Es läuft das legendäre 24-Stunden-Rennen! Am Start Namen wie Stuck, Winkelhock oder Ludwig. Das Medieninteresse ist riesig. Hubschrauber kreisen über der Rennstrecke, Fernsehteams filmen den gesamten Rennverlauf.

Genau an diesem Morgen erreicht mich aus dem Revier im Bereich des Adenauer Forstes die Bitte, eine kranke Sau nachzusuchen. Das Stück wurde am frühen Morgen beschossen und ist in eine Dickung in der Nähe der Rennbahn eingewechselt. Am Anschuss Teile des kleinen Gescheides.

Ich fahre zum vereinbarten Treffpunkt und beginne mit meinem HS-Rüden *Donar vom Prinzkopf* die Suche. Solche Verletzungen sind für den Hund gut riechbar und es ist daher keine besondere Kunst, die Fährte zu halten. Aber ich befürchte, dass das Stück noch nicht verendet ist. Ein Schnallen kommt aber unter diesen Umständen keinesfalls infrage.

Wir erreichen eine Douglasiendickung in einem Steilhang, genau oberhalb der Fahrbahn im Adenauer Forst. Es kommt, wie ich es befürchtet habe. Plötzlich stoßen wir auf einen Kessel, aus dem die kranke Sau hochwird. Ich sehe, wie sie vor uns wegzieht. Sie ist nicht schnell, aber sie ist halt noch auf den Läufen.

Ich benötige viel Kraft, den starken Rüden am Riemen zu halten. Wir folgen dem kranken Stück, so schnell und so gut es geht. Die Dickung ist im unteren Baumbereich bereits etwas aufgelichtet, sodass ich einigermaßen Sichtfeld habe. Aber ich kann erst mal nicht schießen, da ich keinen ausreichenden Kugelfang habe. Die Sau zieht etwas tiefer, unter uns. Im Tal stehen aber Hunderte von Zuschauern, die das Rennen beobachten. Der Trennzaun zur Fahrbahn verläuft hier genau unterhalb der Dickung, in der wir uns befinden. Über mir ein Hubschrauber mit Fernsehteam. Boliden schießen mit ohrenbetäubendem Lärm durch die Senke im „Adenauer Forst." Das Rennen ist in der entscheidenden Phase – und ich krieche durch die Dickung hinter der vor mir ziehenden Sau her. Hin und wieder sehe ich sie. Mein Ziel ist es, tiefer zu kommen, sodass ich nach oben schießen kann, um Kugelfang zu haben, damit niemand gefährdet wird!

Irgendwann ist es gelungen. Von unten sehe ich das Stück schräg oben. Mit einer Hand das Gewehr in Anschlag bringend, mit der anderen den Hund haltend, bricht der Schuss. Ich habe getroffen, aber nicht sofort tödlich. Der Überläufer bricht zusammen, schlegelt und schafft sich immer weiter nach unten in Richtung Dickungsrand – und damit auch in Richtung Fahrbahn. Ich weiß, was jetzt kommt und bleibe in der Dickung hocken.

Unterhalb der Douglasien fällt das Gelände durch eine Böschung direkt über dem Zaun noch steiler ab. Die Sau verlassen die Kräfte und im Verenden überschlägt sich mehrmals und liegt – genau zwischen den Zuschauern!

Ich bin nicht dorthin gefolgt! Meine Begleiter mussten zuerst einmal die Menschen beruhigen, bevor sie die Beute bergen konnten.

Innerhalb der Nordschleife liegt das landschaftlich wunderschöne Revier Herschbroich. In dieser Jagd war ein Stück Schwarzwild beschossen worden. Zusammen mit zwei meiner Helfer suchen wir die Sau nach. Ich frage noch, ob der Zaun zum Ring, wie wir in Kurzform die Rennstrecke nennen, dicht sei. Es wird bejaht. Aber ich habe ja gelernt, dass ich mich auf Aussagen nicht immer verlassen sollte.

Und so kommt es auch, dass diese Sau vor uns hochwird und Richtung Rennbahn flüchtet. Ich schnalle glücklicherweise nicht. Wir folgen der frischen Krankfährte. Sie führt uns im Bereich des „Karussell“ genau an den Zaun und geht dort weiter durch ein Loch im Draht auf die Fahrbahn. Auf der gegenüberliegenden Seite, da wo das Kurvenlabyrinth beginnt, sichern doppelt hohe Leitplanken die Rennstrecke ab. Direkt dahinter befindet sich wieder ein Sicherheitszaun.

Wir stehen noch ratlos vor dem Loch im Zaun, da sehe ich, dass die obere Seite der Leitblanke gegenüber rot schimmert. Genau erkennen können wir das aber aus der Entfernung nicht. Vor uns brettern immer wieder Fahrzeuge von Hobbyrennfahrern über die Piste.

Als wir für einen Moment kein direkt auf uns zukommendes Motorengeräusch hören, springt eine Begleiterin über die Fahrbahn, um sich die Rotfärbung näher anzusehen.

Sie ruft: „Ja, es ist Schweiß!“, schaut dabei über die Planke und erschreckt, denn vor ihr steht genau hinter der Doppelschiene die Sau! Sie hat sich hier gefangen, denn auf der gegenüberliegenden Seite ist kein Durchschlupf im Zaun. Der Draht verläuft bis auf etwa einen Meter an die Schutzplanke heran. Wir warten wieder eine Lücke im Verkehr ab, dann folgt einer unserer Leute mit Gewehr und trägt dem Überläufer aus nächster Entfernung von oben über die Leitplanke den Fangschuss an.

Die gesamte Situation ist nicht ungefährlich, denn hier kommen manche Fahrzeuge mit 200 Stundenkilometern angerauscht. Wir bringen so schnell es geht die gestreckte Sau zurück auf die andere Seite. Das ist noch einmal gut gegangen!

Oldtimerrennen am Nürburgring! Abends zuvor wurde nicht weit der Rennbahn ein Überläufer beschossen. Die Sau liegt nicht. Die Fährte führt genau zur Rennbahn. Es ist 9 Uhr am Sonntagmorgen, als wir am Absperrzaun stehen. Wieder einmal ein Loch im Draht. Genau hindurch führt die Fährte. Im Funkgerät kann ich auf einem der Kanäle den Funkverkehr auf der Rennstrecke mitverfolgen.

Vor der Haupttribüne wird gerade das Rennen gestartet, als mein Rüde am langen Riemen schon durch den Zaun geschlieft ist. Gegenüber steht ein Streckenposten, der uns beobachtet und offensichtlich ganz unruhig wird. Der Hund ist bereits am Fahrbahnrand – das Rennen läuft. Mit Gewalt ziehe ich meinen HS am Riemen zurück. Der Schütze will mich noch überreden, ich solle doch schnell herüberlaufen, es würde doch noch Minuten dauern, bis das erste Rennauto unsere Stelle passiert.

Der Streckenposten meldet schon an die Rennleitung „Hund auf der Fahrbahn!“ Es war höchste Zeit, den Rüden zurückzunehmen, denn sonst wäre das Rennen abgebrochen worden. Gar nicht auszudenken, wenn ich noch, der Aufforderung des Schützen folgend, mit Waffe die Rennstrecke betreten hätte. Ein Auftritt im Fernsehen wäre mir sicher gewesen. Aber auf diese „Ehre“ kann ich gut verzichten.

Auch während eines Rennens der Formel 1 suchte ich mal unmittelbar hinter dem Motodrom eine Sau nach. Ich habe sie damals zur Strecke gebracht und keine 300 Meter entfernt gewann Michael Schumacher das Rennen. Während der gesamten Suche dröhnten die Formel-1-Boliden und rund 100 000 Zuschauer feierten auf den Tribünen. Das war Nachsuche im Duft (Dunst) der großen weiten Welt.

MITHILFE DER POLIZEI

Viele Nachsuchen verlaufen im Bereich von mehr oder weniger stark befahrenen Verkehrswegen. Daher war und ist es immer wieder erforderlich, eine Straßensicherung so durchzuführen, dass Unfälle vermieden werden. In den allermeisten Fällen postiere ich Helfer an der Fahrbahn, um Autofahrer vor der drohenden Gefahr plötzlich überwechselnden Wildes oder eines Hundes zu warnen. Auch stellen wir, soweit möglich, Fahrzeuge mit angeschaltetem Warnblinker an der Straße ab. Rechtlich könnte das uns wahrscheinlich bei einem Unfall nicht völlig freisprechen, aber es geht ja in erster Linie um die Vermeidung solcher Zusammenstöße zwischen Wild, Hund und Straßenverkehrsteilnehmern.

Wenn es aber noch sicherer und rechtlich problemlos werden soll, dann ist es ratsam, die örtliche Polizei hinzuzuziehen. Solche Einsätze habe ich verschiedentlich miterlebt und an einige erinnere ich mich besonders gut.

Ein Wochenende im Juni: Am Nürburgring findet das traditionelle Festival „Rock am Ring“ statt. Es wird mit 80 000 Teilnehmern gerechnet. Entsprechend sind die organisatorischen Vorbereitungen. Zeltstädte entstehen auf den großen Parkplätzen und Wiesen rund um die Kernzone des Rennsportparks. Verkehrsstaus auf den Anfahrtswegen sind wegen der vielen anreisenden Festivalteilnehmer unvermeidlich.

Just an diesem Samstagmorgen werde ich aus dem Jagdbezirk Müllenbach zu einer Nachsuche auf einen mittelstarken Keiler gerufen. Die Sau wurde abends zuvor in der Nähe des Festivalgeländes befunkt. Am Anschuss finde ich Röhrenknochen und stelle mich auf eine weite Riemenarbeit ein. Einige Jäger begleiten mich und ziehen Fahrzeuge mit, damit wir flexibel und schnell sind, wenn wir an die Sau herankommen, denn es gilt auf jeden Fall eine Hetze zu vermeiden.

Auf der B257, eine der Hauptzufahrtsstraßen zum Ring, herrscht lebhafter Anreiseverkehr. Aus den überdimensionalen Lautsprechern des Veranstalters klingen die Songs der ersten Gruppen zu uns in den Wald und begleiten uns während der gesamten Suche. Meinen Rüden *Don,* der vor mir wie an der Schnur gezogen die Fährte ausarbeitet, stört das nicht.

Wir sind der Wundfährte sicher etwa drei Kilometer gefolgt, als ich mitten in einem Kiefernaltholz des Nachbarreviers Zermüllen auf einen Kessel stoße, den der Keiler offensichtlich ganz frisch vor uns verlassen hat. Der Rüde wird sehr heftig, er will unbedingt geschnallt werden und zerrt fest am Riemen auf der für ihn jetzt natürlich noch besser wahrnehmbaren Fluchtfährte. Die Flucht führt hangabwärts. Deutlich sind im Boden die Eingriffe des Keilers zu erkennen, genau auf die Bundesstraße zu, die in etwa 300 Meter Entfernung vom verlassenen Kessel verläuft. Ich stehe mit meinem Begleiter auf dem höchsten Punkt und kann den Straßenverkehr gut „verhören".

Die Sau hat genau in diese Richtung ihren Wundkessel verlassen. Ich erwarte jeden Moment die Bremsgeräusche der Fahrzeuge auf der Straße, denn dort schiebt sich eine Fahrzeugkolonne Stoßstange an Stoßstange in Richtung Nürburgring.

Aber es tut sich nichts!

„Wohin soll denn die Sau geflüchtet sein?", rätsele ich mit meinen Begleitern. „Das müssen wir feststellen."

Wir folgen nun weiter dem heftig im Riemen liegenden Hund. Der Rüde ist wahrlich kein Leichtgewicht. Er hat Kraft und manches Mal habe ich das Gefühl, seine Vorfahren seien keine Hunde, sondern Hannoveraner Pferde gewesen.

Ich werde den Hang mehr hinuntergerissen, als dass ich vernünftig gehen und folgen kann. Die entlang dem Fährtenverlauf stehenden Bäume dienen mir permanent als „Auffanghilfen", weil der Rüde unbedingt geschnallt werden will. Im Unterhang passieren wir eine kleine, vielleicht fünf Meter tiefe Steilwand, aus der früher einmal Steine gebrochen wurden. Wir müssen sie umgehen, die Sau ist aber offensichtlich genau diese Wand heruntergesprungen.

Unterhalb der Wand führt die Fährte zuerst durch einen Bach, weiter durch eine Wiese auf die Bundesstraße zu. In der Wiese fällt mir jetzt eine ziemlich breite Schleifspur im niedergedrückten Gras auf. Es geht auf eine Dornenhecke zu, die sich unmittelbar vor der Fahrbahn in einer Ausdehnung von etwa 50 x 100 Meter erstreckt. An diesem Schwarzdornverhau stellt *Don* seine Behänge wie ein Afrikanischer Elefant in Angriffsposition auf. Aus der Hecke vernehme ich das Klappern des Gewaffs der Sau. Wir stoppen und ziehen uns leise zurück. Neben uns Auto, Motorrad, Auto … alles in Richtung Nürburgring.

Was sollen wir tun? Ich rufe über Funk alle teilnehmenden Jäger herbei.

„Da drin sitzt der Keiler. Ich kann aber keinen Hund schnallen", erkläre ich und alle haben Verständnis. Es bleibt nur die Möglichkeit, die Polizei hinzuzuziehen und die Straße sperren zu lassen. Schnell postiere ich die anwesenden Jäger um die Hecke, damit der Keiler diese nicht unbemerkt verlässt. Er weiß ja, dass wir ihn verfolgen und bekommt in seiner Deckung mit Sicherheit den Auflauf von Menschen und Hunden mit.

Ich rufe die Polizeistation in der Kreisstadt Daun an. Diese verspricht mir Hilfe durch ihre Einsatzkräfte, die ohnehin zahlreich vor Ort sind. Es dauert auch nicht lange und ein Polizeifahrzeug mit zwei Beamten trifft bei uns ein. Ich erkläre die Situation und bitte für eine kurze Zeit die Straße zu sperren, damit ich meinen Hund schnallen kann. Ich verweise aber auch darauf, dass auf gar keinen Fall der Verkehr wieder freigegeben werden darf, bevor ich den Hund wieder angeleint habe. Dazu meint ein Polizist, dass die Sperrung aber nicht länger als 10 Minuten betragen dürfe.

„Das ist eine Minutensache", ist meine Antwort. „Der Hund wirft den Keiler ruck, zuck aus der Hecke und wir sind genügend Jäger, um ihn dann zu erlegen." Ich drücke den Polizisten noch je ein Funksprechgerät in die Hand, damit wir kommunizieren können. 300 Meter oberhalb und 300 Meter unterhalb der Hecke wird die Sperrung vorgenommen. Ein Polizeifahrzeug wird jeweils quer auf die Fahrbahn gestellt und ich schnalle *Don*.

Sekunden später Standlaut. Aber die Sau rutscht nicht. Es vergehen Minuten um Minuten. Standlaut, Standlaut – sonst nichts!

Ich rufe zu einem Jäger, der neben meinem Auto postiert ist: „Mach die Kofferraumklappe auf und lasse *Basko* raus!" Gesagt, getan. Mein DD stürmt in die Hecke! Jetzt ertönt der Standlaut von zwei Hunden. Zwischenzeitlich sind weit mehr als 10 Minuten vergangen. Die Autoschlange wird immer länger. Im Radio wird zwischenzeitlich ein Verkehrsstau von Kelberg bis zur Autobahnabfahrt Ulmen gemeldet, immerhin eine Länge von 9 km.

Die Polizisten sind äußerst unruhig. Autofahrer stehen vor der Absperrung und fragen nach der Ursache. Sie glauben, dass da vorn ein Unfall passiert ist. Als die Polizei ihnen erklärt, dass Jäger dort ein verletztes Wildschwein zur Strecke bringen wollen, wird das Unverständnis groß.

„Können die Jäger jetzt auch schon die Straßen sperren lassen?", kommt unmissverständlich aus der Kehle der dort Wartenden. Ich bin unter Druck! Die Sau rückt nicht. Hin und wieder klagt mal ein Hund auf. Ich muss jetzt rein in den Schwarzdornverhau!

Auf den Knien robbe ich von hinten einem Wildtunnel nach. Vor mir sitzt der Keiler auf den Keulen und pariert die Hunde. Diese sind von mir aus genau hinter dem Schwein. Ich kann nicht schießen, ohne meine beiden Kämpfer zu gefährden. Ich muss wieder zurück und von der anderen Seite, dort wo sich *Don* und

Basko befinden, zur kranken Sau kriechen. Das alles dauert ... und die Schlange auf der Straße wird länger und länger!

Es gelingt mir, hinter die beiden Hunde zu kommen und unmittelbar an den Köpfen meiner Vierbeiner vorbei aus liegender Position dem Keiler den Fangschuss anzutragen. *Basko* muss ich aus der Hecke schleppen, er ist schwer geschlagen. Den Keiler bergen wir später auch. Der Verkehr kann wieder rollen. Der Stau löst sich allmählich auf und die Polizisten sind erleichtert, als ich die Sache für erledigt erkläre. Der Drahthaar wird behandelt und genäht.

Der Keiler hatte neben der Schussverletzung jetzt auch noch einen Hinterlauf gebrochen. Das ist offenbar passiert, als er die Steilwand hinuntersprang. Daher die breite Schleifspur und deshalb konnte oder wollte er die Deckung nicht mehr verlassen.

Es ist Herbst 2004. Im Jagdbezirk Mehren findet eine große Drückjagd statt. Eine Reihe von Schwarzkitteln ist zur Strecke gekommen. Aber es gibt auch Nachsuchen.

Ich führe *Kira* am nächsten Morgen auf der Fährte einer laufkranken etwa 60 kg schweren Sau. Die Fluchtstrecke verläuft in Richtung der Bundesautobahn A48. Wir ziehen entlang des Schutzzaunes dieser Schnellstraße und kommen nach etwa zwei Kilometer in den Bereich des kleinen Rastplatzes „Udler". Der Rastplatz, auf dem sich lediglich eine Toilettenanlage und Sitzgruppen befinden, kann von hinten durch ein Tor für Bedienstete der Autobahnmeisterei angefahren werden. Genau an dieses Tor gelangen wir. Weil dort einige Zentimeter Luft sind, führt die Fährte darunter hindurch in den Innenbereich der Rastanlage, damit natürlich auch in den Verkehrsbereich der Bundesautobahn!

Was sollen wir jetzt tun? Ich lasse die Hündin entlang des Zaunes vorhin suchen. Wir kontrollieren über weitere ein bis zwei Kilometer den Zaun. Suchen nach Löchern im Draht. Unter einer Brücke hindurch gelangen wir auf die andere Fahrbahnseite. Wir finden auch hier kein Loch, keinen Durchschlupf, aus dem die Sau die Autobahn wieder verlassen haben könnte. Also lautet unsere Schlussfolgerung: Das Stück muss sich noch im unmittelbaren Fahrbahnbereich befinden.

Ich verständige die Autobahnmeisterei und erkläre, dass diese Sau sich im unmittelbaren Fahrbahnbereich befinden muss. Wahrscheinlich hat sie sich irgendwo in der Böschung oder im Gebüsch des Rastplatzes eingeschoben. Da die Sau aber irgendwann weiterziehen wird, bedeutet dies auch Gefahr für die Autofahrer.

Man erlaubt mir, das Gelände zu betreten, um das verletzte Wild weiterzuverfolgen. Das aber ist für mich nicht akzeptabel. Ich werde auf gar keinen Fall die Sau aufgrund einer Erlaubnis dort weiterverfolgen. Denn was ist, wenn diese vor mir flüchtig wird, auf die Fahrbahn gerät und ein Unfall passiert? Nein, ich werde nur die Anlage betreten, wenn von zuständiger Stelle die Nachsuche auf dem Bundesgelände angeordnet wird. Es folgt eine Reihe weiterer Telefonate. Jetzt wird auch die Polizei eingeschaltet.

Am Ende rollt eine ganze Kolonne von Fahrzeugen der Autobahnmeisterei zum Rastplatz „Udler". Darüber hinaus Polizeifahrzeuge, die den Verkehr auf der Autobahn absichern sollen. Die Suche wird aus Verkehrssicherheitsgründen angeordnet. Damit bin ich auf der sicheren Seite.

Kira arbeitet nun auf dem Rastplatz die Wundfährte weiter. Sie verweist mir sogar noch hier und da einen Tropfen Schweiß, bis wir an den Betonplatten der Fahrbahn stehen. Hier ist das Stück über die vierspurige Fahrbahn wohl auf die andere Seite gewechselt. Dort gibt es nur die mit vielerlei Holzarten bewachsene Böschung. Oberhalb davon ein Schutzzaun!

Wir müssen die Seiten wechseln. Die ganze Korona fährt zur nächsten Ausfahrt, von dort auf der Gegenfahrbahn wieder bis zu der Höhe, wo wir den Überwechsel vermuten. Mit großen Fahrzeugen und entsprechender Beschilderung wird der fließende Verkehr einspurig weitergeleitet. Polizeifahrzeuge mit eingeschaltetem Blaulicht reduzieren das Tempo des fließenden Verkehrs.

Kira hat tatsächlich auf der anderen Autobahnseite die Fährte wiedergefunden. Wir beide ziehen längs durch die Böschung. Unten auf dem Standstreifen der Fahrbahn flankiert ein Kollege mit schussbereiter Waffe unsere Arbeit. Jeden Moment kann die Sau vor uns hochwerden. Es darf nur in die Böschung geschossen werden, wenn sie flüchtig wird. Auf keinen Fall darf sie den Weg über die Autobahn erreichen, denn auf der Gegenfahrbahn fließt der Verkehr noch mit ungebremster Geschwindigkeit. Ein waghalsiges Unternehmen, auf das wir uns da eingelassen haben!

Die uns passierenden Autofahrer sind sicherlich mehr als verwundert, als sie den Schützen mit Waffe im Voranschlag auf der Fahrbahn und mich mit Hund in der Böschung kriechen sehen. Aber die Sau sitzt hier erst mal nicht. Wir folgen der Fährte sicher einen ganzen Kilometer, begleitet von einem Tross von Fahrzeugen der Autobahnmeisterei und der Polizei.

Schließlich erreichen wir eine Stelle, an der ein kleines Rinnsal unter dem Zaun der BAB durchläuft. Und genau hier hat sich das verletzte Stück wohl schon am Vortag hindurchgeschoben und den unmittelbaren Innenbereich der Autobahn verlassen.

Direkt am Zaun führt die Fährte in eine Schwarzdornhecke. Ich postiere nun alle anwesenden Jäger um diese Hecke, denn *Kira* hat mir durch ihre hohe Nase schon signalisiert, dass der Überläufer vor uns stecken muss. Ein Schütze steht wieder am Zaun, dort wo sich der Durchschlupf befindet. Zwei Polizisten befinden sich im Innenbereich der Autobahn und beobachten die ganze Szenerie.

Ich schnalle den Hund und sofort ertönt der Laut. Die Sau will sich wieder nach hinten zurück zur Autobahn verdrücken und wird beschossen. Sie dreht zurück, quert die Hecke und kommt auf der anderen Seite einem Vorstehschützen, der sie erlegt.

Ende gut, alles gut! Die Suche barg enorme Risiken und war nur als Auftrag für eine Gefahrenabwehr rechtlich und versicherungsmäßig zu verantworten.

NACHSUCHEN IM AUSLAND

Mehrfach war ich als Schweißhundführer mit einer Gruppe deutscher Jäger nach Ungarn zu Schwarzwilddrückjagden unterwegs. Mit dem wunderschönen Revier „Iharos“ verbinden mich tolle Jagderlebnisse.

Ende der Achtzigerjahre reiste jährlich eine Jägergruppe um meinen Freund Dr. P. Decker, seit Jahrzehnten Jagdpächter eines Reviers an meinem Heimatort, Ende November zur einwöchigen Drückjagd nach Ungarn. Sie berichteten stets von großen Jagdstrecken, die sie gemeinsam dort erzielten, aber auch davon, dass immer wieder krank geschossenes Wild nicht ordentlich nachgesucht wurde.

Sie baten mich, sie im nächsten Jahr mit Schweißhund nach Ungarn zu begleiten, um dort die Nachsuchen für die Gruppe zu übernehmen. Mit der „Mavad“, einer ungarischen Jagdorganisation, sei alles besprochen. Ich würde mitreisen und mitjagen, ohne als offizieller Jagdgast zu gelten. So kam ich im November 1989 zum ersten Mal in dieses traditionsreiche Jagdland. Der Jagdreise sollten noch drei weitere in den nächsten Jahren folgen.

Ich erinnere mich noch gut an meinen ersten Aufenthalt:

Am wunderschön gelegenen Jagdhaus in Iharos begrüßt uns der damalige Forstamtsleiter Beck. Er will von mir gleich wissen, wie ich mit dem Hund nachsuchen würde. Ich erkläre meine Führungsweise und dass der Hund an einem etwa zwölf Meter langen Schweißriemen geführt würde.

„Oh, nix geht hier! Leine muss 120 Meter lang sein“, entgegnet der Jagdleiter in gebrochenem Deutsch. Er hatte bisher wohl nur

Hunde frei laufen sehen und glaubte, dass ich durch die dichten, zum Teil daumendicken Brombeerschläge nicht hindurchkommen würde. Diese Meinung soll sich aber im Laufe meiner Aufenthalte noch gravierend ändern!

Die erste Nachsuche gilt einer beschossenen Sau. Im Laufe der Fährtenarbeit poltert plötzlich vor uns ein starker Hirsch aus einem Verjüngungshorst. Ich sehe sofort, dass er den rechten Vorderlauf nicht mehr benutzen kann, offensichtlich ist er zerschossen.

Der Forstmeister steht in diesem Augenblick ganz in meiner Nähe. Ich rufe: „Da, ein kranker Hirsch! Soll ich den Hund schnallen?"

Antwort des Ungarn: „Nein, nein, Hirsch ist schon länger krank, ist nicht schlimm, hat keine Schmerzen mehr – aber nächstes Jahr hat interessant Geweih!"

Ich muss umdenken. Jagdethische Gesichtspunkte spielen hier offensichtlich keine so bedeutende Rolle wie bei uns. Also wird der Hund nicht geschnallt und der Hirsch nicht weiter verfolgt.

Von der Arbeit eines Schweißhundes überzeugen, kann ich das Forstpersonal dann aber wenige Tage später.

Einer unserer Jagdfreunde hat eine starke Sau beschossen. Ich schaue mir den Anschuss an und finde Splitter eines Röhrenknochens.

Mit Joschi, dem Oberjäger des Reviers, beginne ich die Nachsuche. Für meinen *Don*, den ich am Riemen führe, keine besondere Leistung, denn die Fährte ist erst wenige Stunden alt. Wir laufen, laufen, wie ich das auch von zu Hause in der Eifel kenne, wenn solche Pirschzeichen am Anschuss liegen.

Die Reise auf der Fährte geht in dem stark kupierten Gelände Hang hoch, Hang runter. Ich habe mit meinem Hund das Tempo erhöht, denn es droht, dunkel zu werden. Joschi kommt kaum nach, er ist etwas außer Puste, wie wir bei uns zu Hause zu sagen pflegen.

Immer wieder ruft er: „Du machen langsam, Schwein nicht viel krank, Schwein hat nicht Lunge kaputt!"

Ich antworte: „Nun komm, mach voran, Schwein hat natürlich nicht Lunge kaputt, aber Bein kaputt!"

Wir erreichen einen Verhau mit flächig wachsenden, meterhohen Brombeerranken. Hier geht es hinein und mir ist klar: „Wenn die Sau irgendwo sitzt, dann hier!" Kaum mittendrin, gibt *Don* am Riemen laut. Es knackt und bricht, die Sau ist raus!

Ich schnalle und ab geht die Post. Der Hetzlaut entfernt sich. Ich laufe, nachdem ich mich aus dem Verhau geschlagen habe, dem Laut hinterher. Joschi habe ich schnell verloren. In der Ferne erklingt der tiefe Laut des Rüden. Es hat die Sau gebunden. Ich sprinte in die Richtung. In einem Buchenstangenholz erkenne ich vor mir den Hund, zwei bis drei Meter weiter steht die Sau. Es ist eine starke Bache von über 100 kg, wie sich später herausstellen wird.

Als die Sau breit und der Hund ungefährdet seitlich vor ihr steht, fällt der Fangschuss.

Die Dunkelheit kommt rasend schnell. Ich sitze bei meinem Rüden, der noch kräftig die verendete Sau beutelt. Wir sind glücklich, dass die Nachsuche so gut ausgegangen ist. Irgendwo im Tal ertönt der Ruf meines Joschi. Ich antworte und nach ein paar Minuten ist der Ungar bei uns. Er staunt über unseren Erfolg und kommentiert begeistert: „Mann Uli, du gut, – aber *Don* noch besser!"

Von dieser Stunde an sind unsere ungarischen Gastgeber überzeugt von der Leitungsfähigkeit eines erfahrenen, guten Schweißhundes und von unserem gemeinsamen Können. Es folgen in den nächsten Tagen und Jahren noch viele Einsätze mit meinen Schweißhunden im herrlichen Ungarn.

Im jagdlich damals noch sehr wildreichen Iharos gilt der etwa einwöchige Aufenthalt jeweils der Drückjagd auf Sauen. Zum Teil werden sehr starke Keiler und hin und wieder eine starke

„Jochi" (ungarischer Führer), Verfasser mit Don

Bache erlegt. Die stärkste mir je vorgekommene Bache hat bei einer dieser Drückjagden mein Nachbar erlegt. Ich habe sie später selbst mit gewogen. Sie brachte aufgebrochen genau 175 kg auf die Waage. In den Körper hätte man sich hineinlegen können!

Nachsuchen sind für mich in diesem Land stets sehr gefährlich gewesen. Ich habe zwar ein Notfallpäckchen mit Ampullen und Nähmaterial für die Versorgung meines Hundes dabeigehabt, hoffte aber immer, nie davon Gebrauch machen zu müssen. Einmal ist es dann aber doch fast schiefgegangen:

Wir haben für zwei Tage das Revier gewechselt und jagen in der Nähe der Hauptstadt Budapest in einem ebenfalls gut besetzten Revier. Freund Conrad hat während eines Treibens eine starke Sau beschossen. Am Anschuss wiederum Knochensplitter!

Ein junger ungarischer Jäger, ebenfalls Schweißhundführer, begleitet mich bei diesem Einsatz – in der Hoffnung sich vielleicht noch etwas abgucken zu können. Mir ist seine Begleitung sehr recht, vor allem auch deshalb, weil er sich im Gelände gut auskennt.

Die Fährte ist für *Don* gut zu halten, Schweißtropfen bestätigen durchgehend die Richtigkeit unserer Arbeit. Irgendwo führt der Weg uns in einen Bereich, der mit Weißdorn und Akazien bewachsen ist. Wir kriechen auf allen Vieren in den Dornenverhau. Dort finde ich den ersten Kessel. Wenige Meter weiter einen zweiten. Ich blase zum Rückzug. Wir müssen hier raus!

Der Dornenverhau ist so dicht, dass wir nicht aufrecht stehen können. Also marsch zurück durch die Schwarzwildtunnel, damit wir wieder stehen können. Ich schlage vor, den Dornenkomplex erst einmal zu umschlagen, um festzustellen, ob die Sau schon weitergezogen ist. Ich hatte an den Kesseln nicht den Eindruck, dass wir unmittelbar am Stück sind, sonst hätte ich geschnallt.

Don, eine halbe Riemenlänge vor mir, sucht vorhin. Hinter mir, mit vielleicht zehn Metern Abstand mein junger ungarischer Freund. Wir passieren entlang einem gut ausgetretenen Wildwechsel gerade eine dichtere Dornenpartie und *Don* und ich sind schon an der dichtesten Stelle vorbei, da höre ich hinter mir ein Geräusch. Ich drehe mich um und sehe gerade noch, wie mein Begleiter seitwärts in einem hohen Bogen über eine Hecke fliegt. Sein Hütchen segelt noch eine beträchtliche Strecke weiter. Gleichzeitig nehme ich wahr, wie das Haupt einer starken Sau wieder zurückschnellt und in den Dornen verschwindet.

Don wird geschnallt! Der junge Mann berappelt sich, sucht seinen Hut und fasst sich ans Bein. Er hat gottlob keine offene Wunde. Später zeigt sich am Oberschenkel ein handtellergroßer blauer Fleck – sonst ist nichts passiert. Aber der Schreck sitzt tief.

Don gibt etwa hundert Meter weiter Standlaut. Ich umschlage und komme gegen den Wind an den Bail. Als der Hund nicht im

Gefahrenbereich steht, trage ich dieser starken Bache die Kugel an und beende damit die Nachsuche.

Noch mal Glück gehabt! Es hätte auch schlimmer ausgehen können. Glück, dass wir frühzeitig die Dornen verlassen haben, denn darin hätten wir uns kaum eines Angriffes erwehren können. Glück auch, dass es sich um eine Bache handelte und nicht um einen Keiler, denn dann wäre der Schlag auf den Oberschenkel sicher nicht so glimpflich verlaufen.

DER UNGARNHIRSCH

Die herbstliche Ungarnreise war vorrangig der Schwarzwilddrückjagd gewidmet. Es war abgesprochen und wurde auch in Ungarn so praktiziert, dass ich gleichberechtigt wie alle übrigen Teilnehmer an den einzelnen Treiben als Schütze teilnahm, solange keine Nachsuche anfällt.

Die Gruppe umfasste meist 8 bis 10 deutsche Jäger. Vor Beginn der Jagdtage wurde mithilfe eines Kartenspiels die Besetzung der Stände ausgelost. Am Tag wurden in der Regel 4 bis 5 Treiben durchgeführt. Dabei rotierten die Schützen nach der Nummer ihres Loses. Am ersten Tag begann die Nummer 1 mit Stand 1, im zweiten Treiben wechselte dann die Nummer 1 auf Stand 2 und die letzte Nummer auf Stand 1 usw. Die Treiben waren im Wesentlichen jedes Jahr gleich. Wie bei uns zu Hause gab es auch in Iharos besonders gut angenommene Wechsel. Deshalb waren die Stände an diesen Wechseln natürlich immer besonders begehrt.

Bei meinem Aufenthalt im Jahr 1991 habe ich die Nummer 2 gezogen und stehe jeweils neben Hans-Dieter. In einem erfahrungsgemäß sehr guten Treiben besetzen Hans-Dieter und ich die beiden Stände „vor Kopf". Von diesen Plätzen aus sind in den Vorjahren immer einige Sauen gestreckt worden.

Voller Erwartung beziehe ich meinen Stand im Altholz. Die Stammdurchmesser der Buchen sind so mächtig, dass ich *Don* mit dem aufgedockten Riemen nicht daran anleinen kann. Deshalb habe ich mir den kurzen Riemen über die Schulter geschlagen. Links oberhalb steht Hans-Dieter in guter Sichtweite.

Das Treiben hat kaum begonnen, da höre ich vor mir im Hang Poltern und Brechen. Augenblicke später wechselt mich in breiter Formation eine starke Rotte frontal an. Ich habe die Waffe im Anschlag. Ein Überläufer passiert uns auf wenige Schritte. Das hält *Don* nicht aus! Just in dem Moment, als ich die Kugel fliegen lasse, schießt mein Hund nach vorn und reißt mich aus dem Stand. Die Kugel klatscht mitten auf die nächste Buche. Mit dem zweiten Schuss aus meiner Doppelbüchse verläuft es ähnlich. Der Hund reißt und zerrt, ich habe Schwierigkeiten nachzuladen. Rund 20 Sauen wechseln links und rechts hochflüchtig an mir vorbei. Sie sind so nah, dass ich sie fast greifen kann – und ich kriege keine Borste an den Boden. Welch eine Blamage! Ich hadere mit mir und meinem Hund. Das soll mir eine Lehre sein: Ich werde nie mehr mit dem Hund an der Leine auf einem Stand stehen!

Das Treiben ist vorbei. Alle Jäger treffen sich bei Hans-Dieter und mir, der ungarische Jagddirektor ist auch dabei. Ich will im Boden versinken. Muss mir den Spott der anderen anhören und weiß selbst nicht, wie ich dieses Desaster erklären soll. Das waren Fehler und Versäumnisse, die ein Jungjäger nicht gravierender hätte machen können!

Noch ganz mit diesen Gedanken und Selbstvorwürfen beschäftigt, bekomme ich nur bruchteilhaft mit, dass genau in dem Moment, als mich die Sauen passierten, auf dem Stand von Hans-Dieter ein Hirsch aus dem Treiben wechselte, der schwer laufkrank gewesen sein soll. Da aber Hirsche grundsätzlich nicht geschossen werden dürfen, blieb bei meinem Nachbarn die Kugel im Lauf. Der Hirsch wechselte von unserem Stand ins nächste Treiben.

Der Jagdleiter hört sich die Kunde vom kranken Hirsch an und bittet, ihn zu erlegen, wenn er im nächsten Treiben wieder vorkommt. Hans-Dieter gibt noch mal eine genaue Beschreibung des Geweihs, aber ich bin noch so mit mir beschäftigt, dass ich nicht genau zuhöre.

Das nächste Treiben beginnt! Ich stehe nun an der südlichen Längsseite der rechtwinklig angelegten Dickungen. Die Längsseite wird sicher 1 000 Meter aufweisen, breit ist das Treiben etwa 300 Meter. Mittendurch verläuft eine etwa 20 Meter breite Schneise, die den Komplex in zwei Hälften teilt. Dort wird Paul postiert. Ich habe mit ihm über einige hundert Meter Sichtkontakt. Mein Stand befindet sich wiederum in einem Hang oberhalb dieses Treibens im Laubaltholz, in das auch Paul Einblick hat. Links von mir, aber durch eine Kuppe überriegelt, sitzt wiederum Hans-Dieter.

Kaum, dass ich die Treiber und Hunde höre, fallen auf dem Rückwechsel drei Schüsse. Ich habe diesmal *Don* neben mir an einem Baum fest angeleint und sinniere immer noch über das Malheur des vorherigen Treibens. Da knackt es im hohen Holz. Aus Hans-Dieters Richtung wechselt mich ein Hirsch an. Als er kurz verhofft, sehe ich unten am linken Vorderlauf eine Verletzung, glaube, den blanken Knochen zu erkennen und lasse fliegen. Der Hirsch zeichnet, flüchtet nach vorn, schräg den Hang hinunter in Richtung Treiben. Dort ist ein tiefer Graben. Ich höre, wie der Beschossene dort hineinstürzt, dann ist Ruhe.

Verdammt, das ging schnell! Jetzt erfasst mich doch etwas das Jagdfieber. Was hatte der Hirsch wirklich auf? Ich habe zwar keine Krone erkannt, aber lange Stangen. Wie soll noch der Hirsch ausgesehen haben, den Hans-Dieter beschrieb? War da nicht von einem Sechser die Rede? Zweifel kommen bei mir auf. Ich funke Paul an, denn der hat eines der von mir nach Ungarn mitgenommenen Funksprechgeräte.

„Hallo Paul, hast du gesehen, ich habe gerade den kranken Hirsch erlegt!“

Paul: „Wo kam der denn?“

Ich: „Hier von links durch den hohen Bestand.“

Er: „Wie durch den hohen Bestand? Den Hirsch habe ich gesehen, das war ein 10-kg-Hirsch!“

„Wie? Ein 10-kg-Hirsch? Das muss der Kranke gewesen sein!" Meine Zweifel werden größer. Soll ich mich so versehen haben?

Ich funke wieder Paul an. „Ich gehe mal gucken, der muss im Graben liegen."

Er: „Nein, bleib nur ja auf deinem Stand!" Ich sinniere, rede mit meinem *Don*. „Bin ich denn heute von allen guten Geistern verlassen? 10-kg-Hirsch heißt 10.000 DM Abschussgebühren! Das kann ich meiner Familie nicht erklären. Womöglich muss gar ein Bausparvertrag geopfert werden!"

Die Treiber kommen bei Paul an. Sie werden geführt von den angestellten Jägern des Reviers, ich kann das Ganze von meinem Stand aus gut beobachten. Kurz bevor sie bei Paul sind, funke ich wieder: „Paul, sag dem Jäger Anchi, dass ich den kranken Hirsch geschossen habe!" Ich sehe, wie Anchi und Paul zusammenstehen. Dann formiert der Ungar wieder seine Treiber und die Kette bewegt sich über die Schneise hinweg weiter.

Nächster Funkspruch von mir: „Paul, was hat Anchi gesagt?"

Antwort: „Anchi hat gesagt, dass mit den ersten Schüssen auf dem Rückwechsel der kranke Hirsch von Andre gestreckt worden ist!"

Jetzt liegen meine Nerven völlig blank. Was ist mit mir los? Erst treffe ich keine Sauen, die mich fast umlaufen, dann beschieße ich einen Hirsch, von dem ich mir einbilde, dass er krank sei. Ich spreche mit *Don*: „Klar, der Hirsch kam von Hans-Dieter her. Wäre er krank gewesen, hätte der den doch bestimmt erlegt?"

Ich funke ein letztes Mal: „Paul, den Hirsch lassen wir am besten liegen!" Just in dem Moment, als ich die unchristlichen Gedanken ausspreche, ein Getöse der Hunde im Graben. Sie haben den von mir geschossenen Hirsch gefunden. Sie zerren und beißen! Dann ein Stimmengewirr der Treiber. Sie stehen unzweifelhaft am Hirsch. Jetzt hält mich nichts mehr auf meinem Stand.

Ich stürme den Hang hinunter, stoße zu der Menschentraube, die um den verendeten Hirsch versammelt ist. Mein erster Blick geht nicht zum Geweih, er geht zum linken Vorderlauf. Tatsächlich, er ist gebrochen! Der Unterarmknochen liegt völlig frei. Also habe ich doch richtig gesehen und angesprochen! Dass es nicht der Hirsch ist, von dem vorher die Rede war, stellt sich schnell heraus. Mein Hirsch ist ein Eissprossenzehner mit 7,5 kg Geweihgewicht.

Tatsächlich wurde zu Beginn des Drückens der im Treiben zuvor gesehene Hirsch von Andre erlegt. Es handelt sich um einen alten Sechser mit gebrochenem Vorderlauf. Somit befanden sich zufälligerweise zwei kranke Hirsche in diesem Treiben. Hans-Dieter hatte meinen Hirsch auch gesehen, konnte aber nicht schießen.

Für mich ist die Welt jetzt wieder in Ordnung. Abends feiern wir besonders die Erlegung der beiden Hirsche. Die Abschussgebühren gehen so, wie alles von mir erlegte Wild, in den gemeinsamen Topf ein und werden umgelegt auf alle Teilnehmer. Dafür suche ich nach und leiste meinen Beitrag, der in der Tat hier in Ungarn mit all den vielen und starken Sauen notwendig und nicht ungefährlich ist.

Ungarnjagd: Die beiden laufkranken Hirsche aus einem Treiben. Andre Siep und Verfasser. © Dr. Paul Decker, 10.12.1992

ELCHNACHSUCHE IN ROMINTEN

Im Herbst 2000 erfüllt sich für mich ein Jugendtraum: Einmal in Rominten jagen. Meine Frau und gute Freunde machten mir diese Reise anlässlich meines runden Geburtstages zum Geschenk.

Jede Reise erweckt Erwartungen – meist werden sie nicht erfüllt. Viele Träume gehen nie in Erfüllung, oft enden solche Urlaube mit mehr oder weniger großer Enttäuschung. Die Frage ist allerdings auch immer, wie hoch man die Erwartungen steckt.

Unser Romintenaufenthalt sollte aber all diese Erwartungen übertreffen und zu einem runden, erlebnisreichen Jagdurlaub im Sinne eines mit Jagdkultur eng verbundenen Schweißhundeführers werden.

Selbstverständlich weiß ich, dass nicht gestern erst Frevert Rominten verlassen hat und dass die Jagd, insbesondere auf Hirsche, nur noch ein Abklatsch von dem ist, was Rominten einstmals verkörperte. Es geht mir deshalb bei unserer Reise auch nicht um die Erlegung irgendeines Hirsches, sondern ich will in Rominten jagen, meinen Schweißhund zur Seite haben, auf den Pfaden berühmter Forstleute und Jäger pirschen und viel über die Historie dieses berühmten Revieres vor Ort erfahren.

Drei Wünsche sind es, die mich auf unserer Fahrt begleiteten:

- In diesem Revier überhaupt jagen zu können,
- mit meinem Schweißhund eine Nachsuche durchzuführen und
- den besten Kenner ostpreußischer Geschichte Dr. Andreas Gautschi zu treffen.

Ich nehme es vorweg. Alle drei Wünsche werden voll erfüllt.

Andreas Gautschi, der letzte deutsche „Jagdverweser“, wie er sich selbst in Rominten nennt, führt meine Frau und meinen väterlichen Freund Helmut Adamzak an viele berühmte Stellen deutscher Jagdgeschichte. Orte, die mir aus Freverts „Rominten“ bereits von Kindesbeinen bekannt sind, bei deren Klang ein mich stets aufkommendes heimliches Heimweh erfüllt, werden zur Wirklichkeit. An Orten, wie „Wildes Jagen“, „Lasdenitze“, „Hühnerbruch“ oder „Wolfsberg“ jage ich nun selbst, begleitet von meinem Hannoverschem Schweißhund *II Bodo von der Hirschwiese* ZB. Nr. 2118.

Ich erlege ein Wildkalb und einen Frischling. Dies in eigener Entscheidung gegen die Weisung meines polnischen Jagdführers, der mich mehrfach bedrängt, stärkere, führende Stücke zu erlegen … aber das ist eine andere Geschichte! Worüber ich hier berichten will, ist der Einsatz meines HS *Bodo* bei einer mir insgeheim sehr gewünschten Nachsuche auf historischem Boden.

16. Oktober 2000, Oberförsterei „Szittkehmen“ (Forstamt Goldap): Am Abend bekommen wir die Mitteilung, dass im östlichen Teil der Oberförsterei beim Ansitz ein Elchschmaltier beschossen wurden. Das Stück habe gezeichnet und sei dann spitz von hinten nach etwa 100 Metern in einem Bruch verschwunden. Oberförster Krajewski bietet mir an, die Nachsuche am anderen Morgen mit *Bodo* durchzuführen. Natürlich nehme ich das Angebot freudig an.

Ich möchte an dieser Stelle schon darauf hinweisen, dass von der gerechten Schweißhundführung, so wie sie zu Zeiten von Oberforstmeister Frevert in diesem einstmals deutschen Spitzenrevier praktiziert wurde, wenig übrig geblieben ist. Die Freiverlorensuche beherrscht das Nachsuchengeschehen der heutigen polnischen Jägerei in Rominten – auch sehr zum Leidwesen von Andreas Gautschi.

Am Morgen stehen wir gegen 7 Uhr am Anschuss in der Nähe der ehemaligen „Dagutschenwiese“. Nach Einweisung durch den Schützen und den polnischen Jagdführer, die beide den Anschuss nur ungefähr angeben können, lasse ich *Bodo* vorhin suchen. Geschossen worden ist mit einer Teilmantelrundkopfpatrone (Kaliber 8x57IS). Nach wenigen Minuten verweist der Rüde den ersten Tropfen Schweiß. Ist das der Anschuss? Wir können es nicht eindeutig klären. Für mich ist die spannende Frage: Wie wird *Bodo,* der erfahrene Schweißhund, mit dieser für ihn fremden Witterung zurechtkommen?

Der Beginn verläuft recht mühsam. Immer wieder greift der Rüde am von ihm jetzt mehrfach verwiesenen Schweiß zurück. Dann geht es von der Wildwiese einen Erdweg entlang hinein in Stangenhölzer und durch einen kleinen Bruch weiter talabwärts.

Meine Frau, die uns bei der Nachsuche begleitet, hält den Verlauf der Arbeit weitgehend mit der Videokamera fest. Der große Unterschied in der Ausarbeitung der Fährte liegt offensichtlich in den weit auseinanderliegenden Bodenverwundungen durch die enorme Schrittlänge des Elchwildes.

Aber es ist schon interessant, wie mit zunehmender Dauer und Strecke die Sicherheit meines Schweißhundes zunimmt. Nach etwa 400 Metern geht es fast rechtwinklig in sehr mooriges Gelände. *Bodo* arbeitet jetzt in gewohnter Weise, als hätte er noch etwas

Elchnachsuche in Rominten © G. Umbach

Bodo von der Hirschwiese

anderes als Elche gesucht. Die Bestätigung des Fährtenverlaufs durch Schweiß ist spärlich, aber immer wieder vorhanden.

Erfahrene Schweißhunde unterscheiden nicht nach Wildart, sondern nach krank oder gesund! Diese Erkenntnis habe ich schon vor vielen Jahren mit den Vorgängern von *Bodo* bei Nachsuchen auf verschiedenste Wildarten gemacht. Hier bestätigt sich diese Erkenntnis.

In zügiger Manier führt die Riemenarbeit durch Erlen-, Birken- und Fichtenanflugflächen, dann stehen wir an einem Anflughorst mit Fichten und Birken am bereits verendeten Stück. Ohne auch nur zu zögern, greift *Bodo* in den Träger und an die Lauscher dieses mächtigen Stück Wildes. Das Tier hat einen Weidewundschuss.

Ergriffen, glücklich und der Tatsache bewusst, dass diese Nachsuche, auch wenn sie nicht den höchsten Schwierigkeitsgrad aufwies, ein einmaliges, unvergessliches Erlebnis für mich sein wird, verweilen wir noch einige Zeit am Stück. Ein Traum hat sich erfüllt – der Traum meiner Jugend, einmal selbst eine Nachsuche in Rominten durchführen zu können!

IM UNTERGRUND

Erlebnisse bei der Jagdausübung sind vielfältig und immer wieder neu. Manchmal sind sie auch sehr kurios und kaum zu glauben. So ergeht es mir bei einer Nachsuche auf einen Rehbock in Herschbroich:

Das Eifeldörfchen liegt, eingebettet von den Berghöhen des Ahrgebirges, im inneren Bereich der Nordschleife des Nürburgringes. Wunderschöne Talwiesen, die sich vom Ortsrand in die Landschaft fügen, machen den besonderen Reiz dieses Jagdreviers aus, das sich zum damaligen Zeitpunkt in der Hand eines guten Jagdbekannten von mir befindet.

Durch fast alle Tallagen führt auch ein Bach, in dem sich das Wasser aus den Berghängen sammelt. Da im Bereich der Ortslage mehrere Bachläufe zusammenkommen, wurde bei der letzten Dorfsanierung der sich früher offen zwischen den Häusern hindurchschlängelnde Wasserlauf in ein Kanalnetz eingebunden. Die Kanalisation läuft über mehrere hundert Meter unterhalb der Hauptstraße längs durch die gesamte Bebauung des Ortes. Am Ortseingang, wo der offene Wasserlauf in das unterirdische Kanalsystem hineinführt, soll ein Eisengitter verhindern, dass Tiere oder eventuell Kinder hineinschlüpfen können.

Ich werde an einem wunderschönen Sommertag zu einer Nachsuche in genau dieses Revier gerufen. Beschossen wurde ein Rehbock. Er war im Feuer zusammengebrochen, kam nach Sekunden wieder auf die Läufe und war in der nahen Deckung verschwunden. Am Anschuss Schweiß, sonst ist aber nichts zu finden. Die Nachsuche mit dem eigenen Hund bringt Freund Rudi nicht weiter und so komme ich ins Spiel.

Es ist schwierig, aber *Kira* buchstabiert Meter für Meter vorwärts. Wir kommen in das Rinnsal des kleinen zum Dorf laufenden Baches. Er führt zu dieser Jahreszeit nicht viel Wasser. Längs des Wasserlaufes arbeiten wir uns Meter für Meter vorwärts. Immer wieder windet die Hündin an den überstehenden Uferrändern.

Wir nähern uns dem Dorf. Wo soll der Bock denn hier hin sein? Es dauert nicht lange und wir stehen am Einlauf des kleinen Rinnsals. Dort, wo ihn sonst das Gitter sichert, ist ein offenes Loch von 100 cm Durchmesser. Die sonst vorhandene Sicherung hat jemand entfernt und seitlich abgelegt.

Kira bewindet den Eingang und will in die Unterwelt der Kanalisation folgen. Ich mache die Gegenkontrolle, suche mit dem Hund rechts und links des Einlaufes. Aber *Kira* ist uninteressiert. Es gibt für mich keinen Zweifel: Der Bock ist im Wasserkanal verschwunden. Dass er nach sicherlich 1 000 Meter Kanalisation am unteren Ende, also hinter dem Dorf wieder heraus ist, erscheint uns sehr unwahrscheinlich.

Wir beschließen, den Kanal unter dem Dorf abzusuchen. Verrohrt ist der Bach mit 150 cm Durchmesser starken Betonrohren. In einem Bauerngehöft leihen wir uns eine Leiter und einen Pickel, damit wir die Kanaldeckel anheben können. Die Beseitigung der großen schweren Kanaldeckel bedarf schon einiger Gewaltanstrengung. Kanaldeckel für Kanaldeckel wird geöffnet, die Leiter hineingestellt, nach unten geklettert und mit einer starken Taschenlampe der Kanal ausgeleuchtet.

Dann klettern wir wieder nach oben, schließen die Kanalöffnung ordnungsgemäß und ziehen weiter zum nächsten Deckel. Wenn Rudi und ich uns unten im Kanal befinden, sichern jeweils zwei Personen das offene Loch, damit kein Fahrzeug in die Öffnung hineinfährt. Glücklicherweise herrscht in der Ortschaft Herschbroich kein Durchgangsverkehr, denn die Hauptverbindungsstraße verläuft am Dorf vorbei.

Wir sind genau in der Dorfmitte angelangt, Rudi und ich steigen erneut die Leiter hinab. Aus den Häusern wird unser Tun argwöhnisch von den Bewohnern beobachtet. Wir leuchten durch den Kanal. Dann sehen wir ihn. Der Bock steht steif und regungslos und äugt in unser Licht. Ich klettere nach oben, verlange ein Gewehr. Zufälligerweise liegt im Fahrzeug auch noch ein Gehörschutz. Beides reiche ich Rudi nach unten, der immer noch den regungslos stehenden Bock anleuchtet.

Ich bitte Rudi, einen Moment mit dem Fangschuss zu warten, denn ich will zuerst das unterirdische Tunnelsystem verlassen, bevor sich dort der Knall an den Betonwänden der Verrohrung bricht. Kaum habe ich die Straße oben erreicht, ertönt der dumpfe Knall der .30-06 aus dem Untergrund. Es wird später kolportiert, der Knall sei in den Toiletten der angrenzenden Häuser zu hören gewesen. Ob das stimmt, kann keiner mehr nachweisen, fest steht aber, dass der Bock spitz von vorn den Fangschuss erhalten hat. Er

Im Untergrund: Rudi Wagner steigt hinab

Der Bock im Untergrund. Bergung mitten im Dorf aus dem Kanal
© Wagner, Welcherath

bricht im Knall tot zusammen und sein Körper wird vom Wasser des Bachlaufes zur Leiter gespült.

Rudi beförderte den Gestreckten nach oben. Für die umherstehenden Menschen ist das Ganze schwer zu begreifen. Mitten im Dorf ziehen wir einen Bock aus der Kanalisation.

Insgesamt ist der kranke Rehbock über 400 Meter unterirdisch durch den verrohrten Bach gezogen. Er hatte einen Krellschuss – und einen wahrlich außergewöhnlichen Erlegungsort!

KREISJAGDMEISTER UND SCHWEISSHUNDFÜHRER

Für Schweißhundführer gilt das ungeschriebene Gesetz der Verschwiegenheit über all die Vorkommnisse, die ihm bei einer Nachsuche zur Kenntnis gelangen. Dabei kommt es auch schon einmal vor, dass die Kenntnisse eine Ordnungswidrigkeit oder gar eine Straftat beinhalten. Im letzteren Fall wird es für den Hundeführer zum Problem, wenn er zum Beispiel als Revierförster innerhalb seines eigenen Dienstbezirkes von solchen Rechtswidrigkeiten Kenntnis erhält, denn hier ist er im Rahmen seiner dienstlichen Tätigkeit auch als Hilfsbeamter der Staatsanwaltschaft tätig. Deshalb ist er verpflichtet, alle Straftaten und gegebenenfalls auch Ordnungswidrigkeiten zur Anzeige zu bringen.

Straftaten sind allerdings im Jagdgesetz auf wenige Tatbestände beschränkt. Sie treten im Wesentlichen nur bei Schonzeitvergehen im Rahmen des Elterntierschutzes auf. Soweit es sich nicht um die Erlegung eines für die Aufzucht erforderlichen Elterntieres handelt, sind Schonzeitvergehen in Rheinland-Pfalz Ordnungswidrigkeiten.

Ich wurde in die Jagd hineingeboren. Seit meiner Kindheit war dieses Thema mein täglicher Begleiter. Meine Hunde spielten dabei eine ganz entscheidende Rolle. Aber auch das Geschehen in und um die Jagd waren immer ein zentrales Anliegen von mir. Mich beschäftigte die Jagdpolitik. Ich interessierte mich nicht nur für die Entwicklung der Wildbestände, sondern auch für die der Menschen, die die Jagd ausüben oder ausüben wollen.

Ich war passioniert, erlegte gern Wild, verfolgte aber auch, wie das Waidwerk und der Umgang mit dem Wild und seinem Lebensraum jagdpolitisch behandelt wurden. So blieb es auch nicht aus, dass ich bereits in jungen Jahren manches recht kritisch betrachtete. Mein Interesse galt besonders dem Schwarzwild, weil es so hemmungslos und jagdethisch oft sehr bedenklich bejagt und aus meiner Sicht oftmals nicht anständig behandelt wurde. Am Umgang mit Sauen kann man sehr gut auf den Charakter des Jägers schließen!

Mitte der Siebzigerjahre des vergangenen Jahrhunderts lernte ich bei einer Niederwildjagd am Niederrhein Jäger aus der Lüneburger Heide kennen. Von ihnen erfuhr ich erstmals etwas über eine andere Bejagungsart des Schwarzwildes. Dort hatte man eine Methode zur geordneten Bejagung der Sauen entwickelt, das „Lüneburger Modell“. Das interessierte mich sehr.

1976, es war das Jahr nach den großen Waldbränden in der Lüneburger Heide, verbrachte ich einen Sommerurlaub mit meiner kleinen Familie in der Nähe von Bad Bevensen. Selbstverständlich ging ich bei meinen neuen Bekannten auch zur Jagd. Ich erfuhr von strengen Bejagungsregeln und erlebte erstmals intakte Schwarzwildrotten, die noch von starken Leitbachen angeführt wurden. Ein Anblick, den ich so aus der Eifel damals nicht kannte.

Mit diesen Erlebnissen und der Erkenntnis, dass auch dem Schwarzwild eine anständige Behandlung zugestanden werden muss, meldete ich mich zu Hause bei den damals hier tätigen Jagdfunktionären. Sie waren alle viel älter und hörten nun von einem jungen Förster und Jäger etwas über neue Bejagungsformen für das Schwarzwild. Es sollten nicht mehr, wie es bisher in der Eifel Usus war, zuerst die „dicken Sauen“ erlegt werden, sondern die neue Bejagungsrichtlinie sollte den Schwerpunkt des Abschusses vornehmlich auf die untere Alters- und Gewichtsklasse legen, also vorwiegend auf die Frischlinge!

Ich lud über den damaligen Hegeringleiter, den alten Kollegen Walter Bell, und meinem Forstamtsleiter in Kelberg, Uwe Tabel, bei dem ich für diese Ideen ein offenes Ohr fand, die Jagdpächter und Jäger des Hegeringes Kelberg zu einer Vorstellung der neuen Bejagungsleitlinie für Schwarzwild ein.

Wir gründeten den ersten Schwarzwildring, der nach dem Lüneburger Modell in Rheinland-Pfalz jagte. Der Schwarzwildring Kelberg war übrigens eine der wenigen Hegegemeinschaften, die wirklich über 20 Jahre lang richtig funktionierte. Die Versammlung wählte mich zum 1. Vorsitzenden des Zusammenschlusses. Meine erste jagdliche Funktionärsrolle! Zwei Jahre später übernahm ich auch das Amt des Hegeringleiters, das ich dann 16 Jahre lang innehaben sollte.

An vorderster Stelle stand für mich der Umgang mit dem Wild. Anständige, waidgerechte Jagdausübung sollte oberste Priorität haben. Aber natürlich lag mir auch der Wald am Herzen. In meiner Amtszeit erfolgte der Umbau unserer Wälder in leistungsfähige, naturnahe Formen mit einem hohen Anteil an Laubhölzern, so wie die natürliche Waldstruktur vor der preußischen Forstreform etwa Mitte des 19. Jahrhunderts hier ausgesehen hatte. Das ergab sich schon aus dem Selbstverständnis meines Berufes.

Ich hatte das Glück, während einer Zeitspanne Förster zu sein, in der wir die Windwürfe aus den Jahren 1983, 1990 und 2007, große durch Sturm zerstörte Waldstrukturen, aufforsten und damit völlig neu gestalten konnten. Allein in unserem Forstamt waren das nach den Stürmen „Vivien“ und „Wiebke“ über 800 Hektar, die neu gepflanzt werden mussten. Wenn ich heute nach 40 Jahren die gut gelungenen, großflächigen Laubholzbestände sehe, empfinde ich nicht nur Freude, sondern auch Stolz und Erfüllung im Rückblick auf meine fast 48-jährige Tätigkeit als Forstmann.

Dass der Wald nur wachsen kann, wenn das Wild eine gewisse Populationsdichte nicht überschreitet, ist eine Binsenweisheit, die jeder Waldbauer kennt und jeder Jäger kennen sollte. Dass der Wald aber auch Heimstatt all unserer tierischen Mitbewohner ist, hat leider mancher Waldbesitzer und Forstmann vergessen. Waldbau ohne Wild zu betreiben, ist sicherlich leicht, Waldbau mit überhöhten Wildbeständen zu betreiben, ist schwer, ja mancherorts unmöglich. Daher bin ich immer dafür eingetreten, dass zum Wald auch das Wild in angemessener Zahl gehört. Wir Jäger müssen allerdings darauf achten, dass der Einfluss des Wildäsers nicht zum Problem für die Lebensgemeinschaft Wald wird.

Meine Gedanken zum Umgang mit Wild, Wald und Jagd habe ich im privaten und öffentlichen Umfeld immer wieder klar zum Ausdruck gebracht. Die Komponenten befinden sich ständig in einem dynamischen Prozess. Das ist heute noch so. Deshalb ist es wichtig, die Entwicklungen zu beobachten, zu erkennen und, wenn möglich und notwendig, Veränderungen herbeizuführen.

Dementsprechend haben sich auch die Jagdausübung, das jagdliche Verhalten und die Menschen, die diese Jagd ausüben, im Laufe der letzten Jahrzehnte enorm verändert.

Im Jahre 1989 stand wieder die Neuwahl des Kreisjagdmeisters für den Landkreis Daun an. Das geschieht im fünfjährigen Turnus. Als Kreisjagdmeister fungierte damals Wildmeister Georg Belter, ein erfahrener Berufsjäger und großer Kenner des Rotwildes, der seine Ausbildung überwiegend unter Franz Mueller-Darss auf der Halbinsel Darss vor dem Kriege absolviert hatte.

Seine Wiederwahl stand außer Frage. Der Kreis brauchte aber auch einen Stellvertreter, denn der bisherige kandidierte nicht mehr. So kam es, dass ich aus dem Kreis der Hegeringleiter für dieses Amt vorgeschlagen wurde.

Gegen den Widerstand einiger geschäftsführender Vorstandsmitglieder und gegen den Willen des damaligen LJV-Präsidenten, der sogar über ein Rechtsgutachten versuchte, meine Kandidatur als unbequemes Mitglied im LJV zu verhindern, stellte ich mich dem Votum der Jägerschaft und wurde mit großer Mehrheit gewählt.

Als Stellvertreter hatte ich im Normalfall wenig amtliche Aufgaben zu erfüllen. Leider war es aber so, dass Georg Belter zum Zeitpunkt der Wahl schon schwer erkrankt war. Man hatte ihn in Abwesenheit wiedergewählt. So musste ich sofort in die Amtstätigkeiten einsteigen. Im Winter 1989/90 verstarb er dann sehr plötzlich und ich übte für die gesamte Wahlperiode das Amt des Kreisjagdmeisters aus.

Doch wie würde sich diese Tätigkeit auf meinen Einsatz als Schweißhundführer auswirken? Im Vorfeld wurde mancherorts die Meinung geäußert, ich würde in einen Konflikt geraten, wenn mir als Kreisjagdmeister Vergehen durch meinen Einsatz als Schweißhundführer bekannt würden. Das aber ist für mich nie zu einem ernsthaften Problem geworden.

Festzustellen gilt, dass der Kreisjagdmeister in Rheinland-Pfalz zwar Ehrenbeamter des Landes (heute des Landkreises), Berater der Unteren Jagdbehörde und Vorsitzender des Kreisjagdbeirates und des Jägerprüfungsausschusses ist, aber kein Jagdpolizeibeamter und kein Hilfsbeamter der Staatsanwaltschaft. Natürlich muss der Kreisjagdmeister auf die Einhaltung von Recht und Gesetz achten, er ist aber nicht grundsätzlich zur Anzeige verpflichtet.

Unter dieser Prämisse habe ich nunmehr über fast 30 Jahre beide Tätigkeiten ausgeübt. Immer dann, wenn ich mal mit einem jagdlichen Vergehen konfrontiert wurde, habe ich dem Betroffenen Möglichkeiten aufgezeigt, wie er auf legalem Weg den Fall selbst bewältigen sollte. In meiner gesamten Tätigkeit als Kreisjagdmeister und Schweißhundführer ist niemandem ein dauerhafter Nachteil entstanden, wenn er zu seiner Verfehlung stand und meinem Ratschlag zur Vorgehensweise folgte!

Ich hatte zu Beginn meines Amtsantrittes befürchtet, dass die Nachsucheneinsätze zurückgehen würden, weil die Jäger nicht gerade den Kreisjagdmeister als Schweißhundführer anfordern wollten. Dies mag auch im ein oder anderen Fall so gewesen und vielleicht auch heute noch so sein. Aber die große Masse der Jäger wusste und weiß, dass ich nicht als Kreisjagdmeister zu einer Nachsuche komme, sondern in allererster Linie als Helfer für sie selbst und für ein verletztes Stück Wild. Die vielen tausend Einsätze während meiner Zeit als Kreisjagdmeister belegen, dass die Befürchtung eines Interessenkonfliktes unbegründet war und ist.

Asam von der Steinrausch an der Büste Heinrich I. der Niederlande mit königlich-niederländischen Jäger John Harleman und Verfasser

KÖNIGLICHE JAGD – EIN HIGHLIGHT

Es ist keine Frage, dass sich Genugtuung, Erleichterung und auch ein bisschen Stolz einstellt, wenn eine fast aussichtslose Situation durch eine erfolgreiche Nachsuche noch erfolgreich beendet werden kann. Es ist aber auch die Faszination, zu welchen Leistungen meine Hunde bei der Arbeit auf der roten Fährte fähig sind.

Bei meinen Einsätzen habe ich viele nette und bekannte Menschen kennenlernen dürfen. Hervorragende Jäger und erfolgreiche Hundeführer begegneten mir auf meinem jagdlichen Lebensweg. Aber auch mit Schurken und Nichtsnutzen machte ich Bekanntschaft. Von denen will ich aber nicht erzählen.

Zu den Höhepunkten im Zusammenhang mit meiner Hundeführung gehören zweifelsfrei auch die guten Erfolge auf Hundeprüfungen. Die herausragenden Leistungen meines Drahthaar-Rüden *Treu vom Kanonenturm* habe ich bereits beschrieben. Als bester Hund auf der Hauptprüfung schnitt auch meine HS-Hündin *Edda vom Lützelsoon* ab. Ein besonders Highlight war aber die Hauptprüfung mit meinem HS *Donar vom Prinzkopf,* den ich anlässlich einer königlichen Jagd im niederländischen Revier Het Loo führte.

Der Verein Hirschmann ist heute noch sehr eng mit der Jägerei des königlichen Hofes in den Niederlanden verbunden. Heinrich I. der Niederlande, Herzog zu Mecklenburg, war nach der Gründung im Jahre 1894 über 36 Jahre lang 1. Vorsitzender des Vereins Hirschmann. Bei allen Gesellschaftsjagden des Königshofes stellte stets der Verein Hirschmann die Hundegespanne für die Nachsuche. Im Dezember 1990 hatte ich die Ehre, zur Jagd von Königin Beatrix entsandt zu werden. Anlässlich der mit der Jagd verbundenen Nachsuchen wurde auch gleichzeitig die Hauptprüfung für meinen Rüden abgenommen.

21 Gäste aus dem europäischen Hochadel haben sich versammelt. Unter ihnen der König von Spanien, der damalige Kronprinz und heutige König der Niederlande Willem Alexander, Prinz Bernhard und andere mehr.

Der Nachsuchentrupp, bestehend aus dem Kollegen Heinz Bauschke und mir, beginnt zeitversetzt mit den Nachsuchen. Ein Verbindungsjäger der Hofjägerei weist uns jeweils an den Anschüssen ein. Ich suche mit *Don* eine laufkranke Sau nach. Die Riemenarbeit ist hier auf den mit Heide bewachsenen leichten Sandböden, auch wegen der relativ kurzen Stehzeit von nur vier Stunden, nicht besonders schwierig. Die Sau steckt in einem Douglasien-Anflughorst.

Ich arbeite mich heran, der Schwarzkittel wird vor uns flüchtig. Er umschlägt uns und rammt einen der hinter mir stehenden Richter, die die Hauptprüfungs-Arbeit bewerten sollen. *Don* verfolgt die kranke Sau und hat sie nach wenigen hundert Metern gestellt. Ich kann ihr verhältnismäßig leicht den Fangschuss antragen. Die Hauptprüfung habe ich bereits mit dieser Arbeit bestanden.

Wir arbeiten weitere Anschüsse ab. In der Ferne sind die Schüsse der jagenden Gesellschaft zu hören. Wir werden immer wieder nach Beendigung des Treibens durch einen Jäger des Hofes zur Kontroll- oder Nachsuche eingewiesen. So vergeht dieser erste Tag im Revier, an dem wir noch das ein oder andere Stück Schwarzwild nach kurzer Totsuche zur Strecke bringen. Der Höhepunkt soll aber noch kommen.

Nach beendeter Jagd werden wir ins Arnheimer Schloss eingeladen. Hier hat sich zwischenzeitlich die gesamte Jagdgesellschaft eingefunden. Es gibt Kaffee, Tee und weihnachtliches Gebäck, bis der Hofmarschall zur Streckenabnahme bittet. Draußen im Park liegen 71 Stück Schwarzwild, davon 12 starke Keiler.

Die Position, wo wer zu stehen hat, wird durch den Zeremonienmeister genau festgelegt. Fackeln säumen die Eckpunkte des Streckenplatzes. Hinter dem Wild haben die Jagdhelfer und Bläser ihren Platz. Vor Kopf steht die königliche Jagdgesellschaft. An der linken Flanke beziehen Heinz Bauschke und ich mit unseren Hunden Stellung. Die Strecke wird verblasen, so wie es auch bei Jagden in Deutschland Brauch ist.

Nach dem Verblasen kommt Königin Beatrix auch zu uns beiden Schweißhundeführern. Sie unterhält sich mit mir. An ihrer Leine ein kleiner Yorkshire Terrier, der sofort mit *Don* zu spielen beginnt. Dann passiert das Missgeschick!

Ich habe den Schweißriemen nicht vollständig aufgedockt. Während die Königin sich mit mir unterhält, nach Namen und Herkunft fragt und wissen will, was wir noch am nächsten Tag zu suchen haben, umkreisen die beiden Hunde einmal die Beine meiner Gesprächspartnerin und haben sie mit meinem Schweißriemen faktisch gefesselt. Königin Beatrix nimmt die Situation jedoch gelassen und es gelingt mir, die Sache schnell zu bereinigen.

Nach der Königin kommt die gesamte Jagdgesellschaft und bedankt sich mit Handschlag und einem Smalltalk bei uns Helfern für die geleistete Arbeit. Länger unterhalte ich mich mit dem leider bereits verstorbenen Prinz Klaus sowie mit Prinz Bernhard, dem Vater der Königin, und auch mit Kronprinz Willem-Alexander sowie einigen deutschen Gästen aus dem Hochadel. Es ist schon etwas ganz Besonderes, hier dabei sein zu dürfen, diese königliche Jagd mitzuerleben und helfen zu können.

Doch damit nicht genug. Am nächsten Tag müssen weitere Stücke Schwarzwild nachgesucht werden. Am Treffpunkt fährt ein Jeep vor, gesteuert von einem der Prinzen. Er möchte gern bei der Nachsuche dabei sein. Also begleitet er mich bei der Arbeit auf eine stärkere Sau. Ich wundere mich allerdings, dass hinter mir und dem Prinzen noch zwei Personen uns auf Schritt und Tritt folgen. Ich erfahre dann, dass sie Bodyguards und für die Sicherheit des königlichen Sohnes verantwortlich sind. Ich nehme das zur Kenntnis, weiß aber, dass hier die größte Gefahr eine annehmende Sau wäre und frage mich, ob die beiden Aufpasser wohl auf so eine Situation vorbereitet sind, denn die Sauen in Het Loo sind in der Tat sehr aggressiv. Ein nach meinem Zwinger *von der Steinrausch* gezogener und nach Het Loo abgegebener HS-Welpe wurde nur ein Jahr alt, dann hatte ein Keiler ihn bereits tödlich geschlagen.

Nach längerer Riemenarbeit erhält die Bache von mir im Wundbett den Fangschuss.

DER BAYERNHIRSCH

Mein HS *Donar vom Prinzkopf* (Zb. Nr. 1907) wurde in Vorderriss im schönen Oberbayern gewölft. Der Züchter K. M. ist ein Kollege, Revierförster im einst bayerisch-königlichen Jagdrevier, das sich weit in das Risstal-Eng hinein erstreckte und unmittelbar an Österreich grenzte. Den HS-Rüden erwarb ich im Jahre 1985 über den Verein Hirschmann. Meine Verbindungen nach Oberbayern bestehen bis heute und waren bereits vor dem Erwerb des Rüden über meinen leider schon längst verstorbenen Freund Rudi Prohaska vorhanden. Ihn hatte ich damals beauftragt, den Welpen aus dem Wurf auszusuchen, denn es war mir zeitlich unmöglich, zu diesem Zweck nach Bayern zu reisen. Selbstverständlich habe ich den acht Wochen alten Welpen dann selbst beim Züchter in Empfang genommen und lernte dadurch den Forstmann und Jäger kennen.

Zwei Jahre später verbrachte ich mit meiner Familie und den Hunden den Urlaub bei Prohaskas im schönen Bayernland. Bei Züchter K. M. hatte ich mich auch gemeldet, er wusste also, dass ich ganz in seiner Nähe weilte.

Am Morgen des zweiten oder dritten Urlaubstages erhalte ich von K. M. einen Anruf, ob ich ihm helfen könne, einen Hirsch nachzusuchen, denn seine Hündin, die Mutter meines *Don*, sei erkrankt und nicht einsatzfähig. Natürlich will ich helfen. Ich habe alle Nachsuchenutensilien dabei, denn bei meinem Freund Rudi, bei dem ich ja auch zur Jagd gehe, könnte ja auch eine Nachsuche anfallen.

Also rüste ich mich auf und fahre in das 70 Kilometer entfernte Vorderriss. Dort berichtet mir der Revierverwalter folgenden Vorfall: In der Nacht seien Holzer die Rissstraße von Hinterriss nach

Vorderriss gefahren und hätten dabei einen Hirsch im Scheinwerferlicht des Wagens auf der Straße gesehen, der augenscheinlich sehr krank gewesen sei.

Also machen wir uns auf zu besagter Stelle. Wir müssen dabei durch die Grenzkontrolle auf österreichisches Hoheitsgebiet, weil die Zufahrtstraße sich innerhalb des Nachbarlandes befindet. Das Revier und die beschriebene Hirsch-Begegnung gehören aber zum Forstamt Lenggries.

An beschriebener Stelle angekommen, beginne ich mit der Vorsuche. Wir steigen in den Berg. *Don* vorweg am langen Riemen. Er steckt die Nase hier und dort in den Boden. Ja, hier steht eine Hirschfährte. Sie ist wahrlich nicht schwach! Aber ist das wirklich der beschriebene kranke Hirsch? Wir steigen weiter nach oben. Pirschzeichen sind keine zu finden. Wie sollte es auch? Wenn der Hirsch altkrank ist, wird er kaum noch schweißen. Der Hund geht mal rechts, zieht mal links. Wir steigen höher und höher. K. meint, dass es wohl keinen Zweck habe weiterzusuchen. Ich bin aber noch auf meinen Hund fixiert, der in diesem Moment ein Bett verweist, dass offensichtlich von einem starkem Stück Wild herrührt.

Ich knie mich hin und schaue dabei instinktiv über meine Schulter hangaufwärts. Habe ich dort etwas gehört? Da erblicke ich ihn. Er sitzt etwa 20 Meter oberhalb auf einer Felsplatte. Ich sehe zuerst nur das Geweih, dann fällt mir der geöffnete Äser und der nach unten hängende Unterkiefer auf. Das Gewehr gleitet automatisch von meiner Schulter. Der Hirsch erhebt sich. Majestätisch steht er oberhalb von mir auf dem Felsen. Welch ein Anblick!

Das Echo des Schusses schlägt mehrfach von den Felswänden des Hochgebirges zurück. Tödlich getroffen stürzt der Hirsch fast vor meine Füße. K. war bereits eine beträchtliche Strecke wieder nach unten gestiegen. Jetzt höre ich sein Rufen. Ich antworte und er kraxelt wieder hoch, sieht den Hirsch und kratzt sich am Kopf. „Mei, was für on Hirsch! Des is der stärkste, der bislang je im Forstamt gefallen ist!"

Da stehen wir nun, betrachten uns das Geweih, aber auch die Verletzung. Der Hirsch ist völlig abgekommen. Er hat den Unterkiefer beidseitig hinter den ersten Molaren gebrochen. Offensichtlich ist er irgendwo abgestürzt und mit dem Kiefer aufgeschlagen, der dabei durchbrach. Er konnte auf jeden Fall keine Äsung mehr aufnehmen. Der Hirsch ist sehr alt, deutlich über dem 12. Kopf.

Wir ziehen den Gestreckten nach unten. Das ist nicht schwer, so abgemagert wie er ist. Kurz oberhalb der Straße lassen wir ihn erst einmal liegen, und K. trennt das Haupt ab. Wir wollen es mit ins Forsthaus nehmen, müssen dazu aber wieder die Grenzbarriere passieren. Wir kriegen es gerade so in den Rückraum meines Kombis.

Da mein Auto ein nicht-bayerisches Kennzeichen trägt, springt sofort ein Zöllner aus seinem Häuschen und baut sich an der Beifahrerseite auf. Die Hände meines auf dem Nebensitz befindlichen Begleiters sind noch schweißverschmiert. Der Zöllner ist offensichtlich neu, denn K. kennt ihn nicht und er ihn offensichtlich auch nicht. Es entwickelt sich folgender Dialog, in den ich nicht eingreife:

„Hoben Sie was anzumelden?“

Darauf K., starr nach vorne schauend: „Na!“

Der Zöllner, die Augen auf das im Fond des Wagens deutlich sichtbare Hirschhaupt und auf die blutverschmierten Hände gerichtet, wiederholt seine Frage.

Die Antwort wiederum: „Na!“

Ich beobachte, wie bei dem Zöllner sämtliche Gesichtszüge entgleisen. Er zeigt auf den Hirsch: „Wos is denn da?“

K.: „A Hirsch!“

Das Gesicht des Zöllners verliert jegliche Farbe! In dem Moment kommt ein zweiter Zöllner hinzu und löst die Situation auf, denn er ist alteingesessen und kennt selbstverständlich den zuständigen Förster K. Wir dürfen ohne Weiteres die Grenze passieren.

Im Forsthaus wird erst einmal telefoniert. K. ruft den Kollegen des Nachbarreviers auf der österreichischen Seite an. Wir treffen uns kurze Zeit später wieder am aufgebrochenen Hirsch ohne Haupt. Die Kollegen unterhalten sich in tiefstem bayerischem Dialekt. Ich verstehe kaum ein Wort. Später wird mir dann erklärt, dass sich der Erlegungsort des Hirsches schon auf österreichischem Staatsgebiet befunden hat.

Der Hirsch geht ins Nachbarrevier. Das Geweih soll erst einmal hierbleiben. Wenn alle Trophäenschauen beendet seien, könne ich die Trophäe haben, da ja ich der Erleger sei und die Verletzung nicht mit der Jagdausübung eines anderen in Zusammenhang stehe.

Ich will es kurz machen: Die Trophäe habe ich nie erhalten. Sie soll im Hause des Revierleiters gehangen haben. Später haben Freunde von mir noch mal nachgefragt. Da hieß es, dass Geweih sei nicht mehr da, es sei auf einem Flohmarkt verkauft worden. So blieben mir ein paar Fotos, die Grandeln und die Erinnerung an eine denkwürdige Nachsuche im Hochgebirge.

Der Bayernhirsch

HAUPTSCHWEINE

Die Gründung des Schwarzwildringes in meinem Heimatgebiet sollte vorrangig wieder eine vernünftige Alters- und Sozialstruktur beim Schwarzwild herstellen. Dazu gehörte es natürlich, dass die mittlere Alters- und Gewichtsklasse weitestgehend geschont und der Hauptabschuss in der Jugendklasse getätigt wurde und bis heute wird. Den Schwarzwildring Kelberg gründeten wir am 10. September 1977.

Damals gab es in unserem Raum nur wenig Sauen. Im Jahr 1976 wurden im gesamten Hegering lediglich sechs Stück Schwarzwild erlegt. Unser vorrangiges Ziel war damals, einen bejagbaren Schwarzwildbestand aufzubauen und den ein oder anderen starken Keiler heranreifen zu lassen.

Wir sind im Gründungsjahr von einer Abschussquote von 40 bis 60 Stück pro Jahr auf der Fläche der Hegegemeinschaft als Zielgröße ausgegangen. Dass wir wenige Jahre später bereits die zehnfache Strecke erreichen würden, konnte damals niemand vorhersehen.

Es waren nicht nur die neuen Hegebemühungen der Jäger, die zum starken Anstieg der Schwarzwildbestände führten, sondern es spielten im Wesentlichen die in den Siebzigerjahren offensichtlich einsetzende Klimaerwärmung mit schneearmen Wintern sowie die enorme Veränderung in den landwirtschaftlichen Anbauverfahren eine entscheidende Rolle. Die in rascher Folge sich wiederholenden Mastjahre bei Buche und Eiche und die aufkommenden Fütterungspraktiken mit sogenannten Kirrstellen, die täglich mit Mais beschickt wurden, haben zusätzlich zu hohen Reproduktionsraten beigetragen.

Es etablierten sich sehr schnell intakte Rottenverbände, die von starken Leitbachen geführt wurden. Unsere Jäger, die von Anfang an dabei waren, hielten sich weitestgehend an die Bejagungsabsprachen und schonten die mittelalten Keiler. Als Erfolg zog nach einiger Zeit der ein oder andere Basse seine Fährte in unseren Revieren. Hauptschweine wurden in kontingentierter Anzahl freigegeben. Jedes Revier durfte maximal einen Keiler erlegen. Die Jagdzeit begann Mitte Juni.

Am Morgen des 16. Juni 1986 sitze ich mit meiner Frau gerade beim Frühstück, als das Telefon klingelt. Am anderen Ende Revierpächter Theo Emonds aus dem Jagdbezirk Zermüllen II. Er berichtet mir, dass er am frühen Morgen einen Keiler erlegt habe. Ich möge diesen doch bitte begutachten.

Sofort mache ich mich auf und bin wenige Minuten später am Jagdhaus des Anrufers. Dort liegt der stärkste Keiler, den ich bis dahin gesehen habe. Es wird sich später herausstellen, dass

Emondskeiler

Erleger Theo Emonds, Köln, Revier Zermüllen II, 14.06.1986, Hauptschwein, 123,45 CIC-Punkte, 114 kg

sein Wildbretgewicht mit 114 kg aufgebrochen eigentlich gar nicht mal so überragend ist. Was aber auffällt, sind die starken Gewehre und Haderer. Vor allem die Breite der Gewehre ist mit 27 mm außergewöhnlich. Die spätere Vermessung ergibt eine CIC-Punktzahl von 123,45. Damit ist er einer der stärksten Keiler, die im Land Rheinland-Pfalz erlegt wurde und wird es auch lange bleiben.

Es fielen in den Folgejahren noch weitere wirkliche Hauptschweine. Auch im Nachbarrevier Zermüllen I wird durch Jagdpächter Dr. Winfried Decker im Jahr 1991 ein kapitaler Basse mit über 117 CIC-Punkten erlegt.

Am Morgen des 7. Januar 1985 werde ich morgens gegen 9 Uhr darüber benachrichtigt, dass tags zuvor im Revier Dreis ein stärkeres Stück Schwarzwild beschossen wurde. Das Stück schweiße etwas und sei ins Nachbarrevier Oberehe eingewechselt. Man bittet mich um eine Nachsuche. Es liegt eine etwa 10 cm

Dr. W. Decker mit Hauptschwein aus Revier Zermüllen II, 10.10.1991

starke Schneeschicht und es ist bitterkalt. Das Thermometer zeigt gute –10 °C.

Gegen 10 Uhr bin ich am vereinbarten Treffpunkt. In der Nacht ist erneut eine dicke Schicht Neuschnee gefallen. Eine Fährte ist nicht mehr zu erkennen. Der Schütze ist vor Ort und erzählt mir, dass er bereits am Vorabend selbst nachgesucht habe. Daher wisse er auch, dass die Sau ins Nachbarrevier gewechselt sei. Es handele sich um ein etwa 70 kg schweres Stück. Begleitet wird der Schütze vom Forstrevierleiter des Ausgangsjagdbezirks. Dieser führt bei der Suche als Loshund meinen DD *Ilk von der Wupperaue* nach.

Mit meiner HS-Hündin *Edda* nehme ich die Fährte auf. Die Hündin steckt ihren Kopf jeweils tief in den Schnee und an ihrer Nasenspitze kommt hier und da ein Pünktchen Schweiß zum Vorschein. Es setzt wieder heftiger Schneefall ein. Wir arbeiten uns langsam voran. Leichte Dellen im Schnee lassen eine Fährte erahnen und jedes Mal, wenn *Edda* wieder „abgetaucht" ist, kommt ein winziges rotes Pünktchen wie ein Robin im weißen Schnee zum Vorschein.

Kollege H. und ich kommen an die große „Wasserwerksdickung", eine sich entlang des Berghanges erstreckende 20-jährige Fichtenaufforstung von rund 15 Hektar Größe. Hier hinein führt uns meine Hündin. Die Fichten präsentieren sich mit dem Schnee darauf wie eine weiße Wand. Unbeirrt zieht *Edda* vorwärts. Plötzlich hält sie inne, bleibt stehen und gibt Laut.

Die Sau muss sich unmittelbar vor uns befinden. Ich gebe das Zeichen, *Ilk* zu schnallen. Der Rüde prescht vor und ist wenige Augenblicke später am Stück. Kurze Hetze, dann Standlaut. Im Hang versuche ich näherzukommen. Auf dem Bauch liegend, kann ich etwas unter den Fichten hindurchschauen. Ich sehe vier Läufe, ziemlich breit und stark. Einen Wildkörper kann ich nicht erkennen, der wird von den weihnachtsbaumgroßen, mit Schnee behangenen Fichten verdeckt.

In diesem Moment stiebt eine mächtige Schneewolke auf uns zu. Ich rolle mich zur Seite, mein Begleiter hinter mir wird aber noch von dem an uns vorbeirauschenden Wildkörper erfasst und zur Seite geschmissen. Dann ist der ganze Spuk auch schon vorbei!

Wir hören den Laut des verfolgenden Hundes, der aber schnell von der dicken Schneedecke und den fallenden Flocken verschluckt wird. Sau weg, Hund weg!

Wir schlagen uns aus der Dickung. Am Weg können wir gerade noch die Fluchtfährte erkennen. Sie ist bereits wieder überschneit. Noch stehen wir und überlegen, wie wir weiter verfahren sollen, da kommt *Ilk* von der Hetze zurück. Wir sind nicht mehr sicher, welche Verletzung das Schwein haben könnte. Sicher ist es kein tödlicher Schuss.

Der Schütze drängt nun, dass wir die Nachsuche beenden. Er müsse zurück in den Betrieb. Der mich begleitende Forstkollege will ebenfalls zurück, denn es warten dringende dienstliche Angelegenheiten auf ihn. So bleibe ich allein zurück, denn auch der hier zuständige Forst- und Jagdbeauftragte, mein Freund Paul, kann wegen einer Zeugenaussage bei Gericht nicht vor Ort sein. Somit beenden wir die Nachsuche und alle fahren nach Hause.

Während des Mittagstisches am heimischen Herd lässt mich die Angelegenheit nicht in Ruhe. Ich greife zum Telefon, rufe Paul Düx an, der von seinem Gerichtstermin wieder zurück sein müsste. Ich erreiche ihn tatsächlich und berichte vom bisher Vorgefallenen. Wir vereinbaren, dass wir doch noch mal zusammen ins Revier fahren. Es schneit draußen immer noch, aber Paul hat einen auch bei dieser Schneelage noch geländegängigen Unimog.

Es ist bereits nach 14 Uhr, als wir im Bereich des im Wald gelegenen Jagdhauses Oberehe versuchen, irgendwie die Fluchtfährte vom Vormittag zu finden. Mehr ahnend als sehend, finden wir hier und da Stellen, wo Wild oder Hund über den Hauptabfuhrweg gewechselt sein könnten. Dann steckt *Edda* wieder einmal den Kopf tief in den Schnee. Nachdem sie wieder aufblickt, erkenne ich im Schneeloch, das durch das Eintauchen entstanden ist, einen winzigen Tropfen Schweiß!

Hier ist also die Sau in den Forstort Mühlenberg übergewechselt. Ich versuche, die Fährte aufzunehmen. Es gelingt nur teilweise. Zu sehr ist die Spur verschneit. Aber auf dem Mühlenberg befindet sich eine größere, sehr dichte Buchennaturverjüngung. In diese Richtung steht die Fährte. Wenn wir uns beeilen, können wir vielleicht noch den einen oder anderen Schützen herbeordern.

Gesagt, getan. Mit dem Fahrzeug erst einmal zurück zum Forsthaus. Es wird telefoniert. Vom Forstamt kann der Büroleiter schnell kommen. Auch mein Freund und Kumpel Fred ist erreichbar, ebenso wie mein Tierarzt Kurt. Alle sind innerhalb der nächsten halben Stunde vor Ort. Die Hauptwechsel werden besetzt. Vor allem der Rückwechsel ist der am meisten angenommene Weg einer nachgesuchten, flüchtig werdenden Sau.

Ich begebe mich mit *Edda* in den Hang zur Verjüngung. Wir umschlagen die dichteren Partien. Ein Hangweg führt zwischen dem dichten Bewuchs hindurch. Auf diesem suche ich vor. *Edda* prüft etwa zehn Meter vor mir jede Witterung. Ich lasse sie ohne Riemen selbstständig suchen. Plötzlich hebt sie die Nase in Richtung Unterhang. Mit wenigen Sätzen springt sie im hohen Schnee nach unten und steht seitlich vor einem dichten Buchenverjüngungskomplex. Sie äugt auf einen bestimmten Punkt in diesem Horst und gibt Laut.

Von meinem Standplatz aus kann ich nicht erkennen, worauf der Hund fixiert ist. Einen Halbkreis schlagend, versuche ich hinter *Edda* zu kommen. Es gelingt. Dann sehe ich, auf uns beide ausgerichtet, das riesige Haupt eines Keilers. Rechts und links blitzen die Waffen des Hauptschweines aus dem Gebrech. Jetzt kommt es auf Schnelligkeit an. Jeden Augenblick wird der Basse auf uns losstürmen.

Die Waffe hoch, die Visierung steht zwischen den Lichtern und schon bricht der Schuss. Im Knall, der von der dicken

Schneedecke fast verschluckt wird, sinkt ein mächtiger Wildkörper in sich zusammen.

Vor mir liegt ein achtjähriger Keiler mit ausgesprochen starken Waffen!

Es hat aufgehört zu schneien, die Wolkendecke ist aufgerissen. Über den Bergrücken gegen Osten erscheint die runde Scheibe des Vollmondes, der langsam die einsetzende Dunkelheit wieder etwas erhellt und glitzernde Eiskristalle wie Diamanten erscheinen lässt. Eine tiefe Stille ist eingekehrt. Es weht kein Lüftchen, aber es ist zwischenzeitlich bitterkalt. Das Thermometer wird in dieser Nacht bis auf –18 °C sinken.

Ich sitze mit meinem fantastischen Schweißhund am gestreckten Keiler. Wir beide nehmen erst einmal ganz allein die besondere Stimmung der Natur in uns auf. Gemeinsam mit den anwesenden Jägern bergen wir den Keiler, ziehen ihn über den Schnee talwärts. Er hat einen hohen Vorderlaufschuss.

Es wird die Frage diskutiert, wem nun die Trophäe zusteht. Die Nachsuche war bereits abgebrochen, der Schütze abgereist. Wie immer gilt dann der Grundsatz, dass das Stück dem Revier gehört, in dem es erlegt wird. Die Entscheidung wird auch in diesem Fall vom Revierpächter getroffen. Er bestimmt, dass die Trophäe im Revier bleibt und beim Schweißhundführer aufbewahrt wird. Nach seiner Ansicht ist nur auf meine Initiative die Suche überhaupt wiederaufgenommen und letztlich glücklich beendet worden. Darüber hinaus habe diese Sau auch nicht zu der Beschreibung gepasst, die der Schütze vor der Nachsuche abgegeben habe. Der Keiler wog über 110 kg und nicht wie angegeben 70 kg.

Das Gewaff wurde beim Landesjägertag 1984 mit knapp 118 CIC-Punkten bewertet und mit der Silbermedaille des Landesjagdverbandes prämiert.

7. Januar 1985 – Hauptschwein, Oberche V.R.: U. Umbach mit Edda vom Lutzelsoon (HS), Dr. Kurt Bürgener, Paul Düx, Adolf Bläsius, Fred Carl mit Arco von der Wupperaue (DD)

QUESTA UND DER TOD

Das Leben wird bestimmt vom Tod. Der Tod ist die natürlichste Sache der Welt. Geboren zu werden, ist Zufall, sicher ist aber, dass jeder und alles was lebt, auch einmal sterben wird. Dennoch ist mit dem Ableben ein unwiederkehrbarer Verlust für die Hinterbliebenen eingetreten, egal ob es sich um einen Menschen oder um ein Tier aus dem eigenen Lebenskreis handelt.

Bei uns gehörten Hunde immer zur Familie. Sie sind nicht nur Hilfsmittel zur Jagdausübung oder unverzichtbare Haus- und Grundstücksbewacher, sondern sie sind in vielerlei Hinsicht

Questa von der Wupperaue gratuliert mit Blumenstrauß zum Geburtstag

Mitglieder unserer Lebensgemeinschaft. Wir lieben unsere Hunde – ja, ich gebe zu, manches Mal auch etwas übertrieben. Sie gehören einfach zu unserem Leben. Seit die Kinder aus dem Haus sind, sind sie auch etwas Kindersatz, auch dazu will ich gerne stehen.

Diese enge Beziehung zu unseren Tieren ist sicher ein Baustein, der ihre hohe Leistung fördert. Er fördert aber vor allem ein großes Vertrauen, das diese Tiere in uns und, wenn es um die jagdliche Einsätze geht, insbesondere in mich setzen.

Ich habe alle Formen der Hundehaltung in meinem Leben ausprobiert. Ich habe zeitweise meine Hunde nur im Zwinger gehalten. Sie begleiteten mich zwar fast täglich bei meinen beruf- und jagdlichen Tätigkeiten, aber ins familiäre Leben waren sie weniger eingebunden.

Die Zwingerhaltung hat sicher einige Vorteile. Sei es eine bessere Abhärtung gegenüber Wettereinflüssen oder die Möglichkeit, ungestörter ruhen zu können. Bei der Haltung im Hause liegt der Vorteil in der größeren Nähe zur Familie, zur „Meute“ und bietet damit auch die genauen Kenntnisse über das Verhalten der Meute untereinander. Die Beziehung des Menschen zum Hund und auch umgekehrt die des Hundes zum Menschen ist wesentlich intensiver und ausgeprägter, wenn man permanent zusammen ist. Für ein hochspezialisiertes Team aus Führer und Hund ist das Wissen über das jeweilige Verhalten des Partners oberste Voraussetzung. Nur wer seinen Hund genau versteht, wer genau erkennt, was dieser ihm sagen will, der kann auch erfolgreich mit ihm agieren.

Durch intensives Zusammenleben wird allerdings auch der Verlust entsprechend schmerzhafter. Dass Hunde nun mal nicht so lange leben wie wir Menschen, ist eine Binsenweisheit und sollte jedem bewusst sein, wenn er sich ein Tier anschafft. Auch ich habe viele schmerzhafte Momente beim Abschied der Vielzahl meiner Jagdbegleiter erleben müssen.

Darüber habe ich zum Teil schon berichtet. Dennoch ist nicht jedes Ableben gleichermaßen schwer. Hatte ein Hund ein erfülltes

Leben, dann ist es sicherlich schwer, von ihm Abschied zu nehmen. Im Kapitel „Kopf und Bauch“ habe ich ausführlich meine Empfindungen geschildert. Aber noch ganz anders sieht es aus, wenn der Tod völlig unerwartet kommt und die letzten Stunden zum Albtraum werden. So endete das Leben meiner wunderschönen Deutsch-Drahthaarhündin *Questa von der Wupperaue*.

Das Jahr 2009 hat gerade begonnen. Für den 10. Januar ist eine letzte große, revierübergreifende Drückjagd im Bereich Boxberg geplant. Ich bin in die Jagdorganisation eingebunden. Nicht nur als Schweißhundführer, sondern auch als Jagdleiter soll ich in dem Revier, das ich 28 Jahre lang sowohl forstlich als auch jagdlich betreute, den Ablauf organisieren.

Aus Norddeutschland sind schon einige Tage vorher meine Freunde Thomas und Bernd angereist. Sie freuen sich immer auf diesen Termin, denn gerade die Drückjagden und die Nachsuchen bringen Aktion und Spannung für die jungen Jäger.

Thomas, der Sohn meines Freundes Achim, ist mehr oder weniger unter meinen Fittichen jagdlich aufgewachsen. Er kommt mindestens zweimal im Jahr in die Eifel und erweist sich auch als große Hilfe bei den Nachsuchen. Er ist ein erfolgreicher Jäger und erfreut sich hier und auch in seiner Heimat Schleswig-Holstein großer Wertschätzung. Bereits in jungen Jahren wurde er dort zum Hegeringleiter gewählt. Vieles von dem, was er bei seinem Vater und bei mir gelernt hat, setzt er in der Praxis um und vermittelt es anderen Jägern weiter.

Bernd ist aus dem gleichen Holz geschnitzt. Auch er ist in seiner Heimat ein geachteter Jäger.

In diesen Tagen haben es meine norddeutschen Freunde gut getroffen. Das Telefon steht nicht still. Es wird offenbar viel gejagt, denn wir suchen täglich mehrere Sauen nach. Zwischendrin laufen die letzten Feinabstimmungen für die Jagd am 10. Januar.

Es ist Donnerstag, der 8. Januar 2009: Wir sind auf der Heimfahrt. Im Auto sitzen mit mir meine beiden Jungs aus Norddeutschland.

Hinten im Toyota befinden sich meine beiden HS *Kira* und *Birka* sowie meine vierjährige DD-Hündin *Questa*. Sie ist mein Loshund. Sie hat sich sehr gut entwickelt: Scharf an Sauen, fasst sie stets mutig zu und beendet jede Hetze dadurch sehr rasch. *Questa* ist auch der besondere Liebling meiner Frau, denn sie verbindet ein gemeinsamer Kampf ums Überleben.

Als die Drahthaarhündin gerade mal drei Monate alt war, wurde sie von *Kira*, meinem absoluten Kopfhund, im Wohnzimmer überfallen. Wie konnte es dazu kommen? *Kira*, ihr Sohn *Asam*, meine Frau und ich bildeten die heimische Meute. Die Hierarchie in dieser Zusammensetzung war klar: An oberster Stelle stand ich. Dies wurde auch von *Kira* nicht bestritten. An zweiter Stelle aber stand sie! War ich nicht zu Hause, dann glaubte sie, das Zepter führen zu können.

In diese Meute kam im Jahr 2006 der Deutsch-Drahthaarwelpe *Questa*. Ihn mochte *Kira* von Anfang an überhaupt nicht. Sie spielte nicht mit der kleinen Hündin, ganz im Gegenteil, sie knurrte, wenn diese in ihre Nähe kam. Ihr Sohn, der HS-Rüde *Asam,* war das genaue Gegenteil. Er freute sich offensichtlich über den kleinen Spielkameraden und machte davon auch ausreichend Gebrauch.

Meine Frau und ich sahen keine Gefahr und vertrauten der irrigen Annahme, dass junge Hunde immer den sogenannten Welpenschutz genießen.

Die DD-Hündin war gerade drei Monate alt. Ich befand mich auf einer Jäger-Versammlung. Meine Frau hatte alle drei Hunde bei sich im Wohnzimmer. Als die kleine Hündin den Korb von *Kira* passierte, schnappte diese sich den Welpen. Und wie auf Kommando sprang ihr Sohn *Asam* hinzu und unterstützte die Mutter. Sie packten *Questa* vorn und hinten und zogen sie förmlich auseinander. Meine zu Tode erschrockene Frau sprang dazwischen.

Sie versuchte den kleinen Hund den Fängen der Großen zu entreißen. Dabei geriet sie mit der Hand vor den Fang eines der erwachsenen Hunde. Dieser packte sie in der Rage und biss kräftig zu. Irgendwie gelang es meiner Frau, *Questa* loszureißen. Das

Hündchen war schwer verletzt. Sabine und Gunter, unseren stets hilfsbereiten Tierarzt-Freunden, gelang es, den kleinen Hund weitgehend wieder zusammenzuflicken.

Allerdings hatte einer der HS auch noch den linken Vorderlauf des Welpen zerbissen. Diesen konnten meine Freunde in der örtlichen Praxis nicht wieder richten. Ich ließ die Verletzung bei einer Knochenspezialistin im Westerwald behandeln. Mit großem Aufwand ist das gelungen.

Auch die Hand meiner Frau musste im Krankenhaus genäht werden. Eine schmerzhafte und langwierige Angelegenheit.

Immerhin hatten wir die kleine Hündin retten können. Wir waren aber auch um eine Erfahrung reicher: Es gibt keinen Welpenschutz, wenn ein fremder Welpe in die bestehende Rangordnung hineingesetzt wird.

Questa wuchs dann wohlbehütet von uns auf. *Kira* war überhaupt keine bösartige Hündin. Ganz im Gegenteil. Sie war immer äußerst aufgeschlossen gegenüber anderen Hunden, fing nie eine Beißerei an oder wäre unfreundlich gegenüber Menschen gewesen. Aber ihr Verhältnis zu *Questa* war immer etwas angespannt. Ich habe diese nie mehr mit meiner Frau allein bei den beiden Hannoveranern gelassen.

Mit diesen drei Hunden fahren Thomas, Bernd und ich also am Abend eines erfolgreichen Nachsuchentages gen Kelberg. Wir haben uns viel zu erzählen. Sechs Sauen haben wir in den letzten Tagen zur Strecke gebracht, zum Teil mit längeren Hetzen. Einen laufkranken Frischling hatte *Questa* vor zwei Tagen allein gefangen. Gestern fingen wir eine gekrellte Sau, heute brachten wir eine erbärmlich aussehende Überläuferbache mit Gebrechschuss zur Strecke. Alles schwierige Nachsuchen, die wir aber erfolgreich meisterten.

Während wir reden, vernehme ich von hinten immer wieder ein leichtes Husten von *Questa*. Ich registriere es, messe dem aber keine große Bedeutung bei.

Zu Hause werden die Hunde als erstes gefüttert. Sie ordentlich zu versorgen, ist immer meine vordringlichste Aufgabe nach dem Jagdtag. *Questa* frisst normal. In der Nacht wird der Husten intensiver und kräftiger. Am Freitagmorgen frisst sie nicht mehr und ich fahre mit ihr zum Tierarzt. Hier wird eine Art Zwingerhusten vermutet. Eine Spritze soll Abhilfe verschaffen. Zusätzlich soll ich ihr ein Hustenmittel verabreichen. Im Laufe des Tages wird der Husten trotzdem immer stärker. Wir erwarten aber, dass die Medikamente doch noch anschlagen.

Am Abend bin ich bei der Abschlussbesprechung für die morgige Drückjagd. Kaum sitze ich im Jagdhaus Boxberg, ruft meine Frau an und bittet mich zurückzukommen, *Questa* habe sehr viel Schaum am Fang. Ich eile zurück. Die Hündin hustet unaufhörlich, der Schaum wird mehr. Ich bleibe bei ihr am Korb, wo sie immer liegt.

In der Nacht bemerke ich, dass die Hündin ihren Fang nicht mehr aufbekommt. Sie muss sich übergeben, kann aber den Fang dabei kaum noch öffnen. Sie leidet offensichtlich fürchterlich. Um 2.30 Uhr klingele ich meinen Tierarzt-Freund aus dem Bett. Er verabreicht eine weitere Spritze, die allerdings auch keine Wirkung zeigt. Die Hündin ringt nach Luft.

Gegen 7 Uhr packe ich *Questa* ins Auto. Mit Thomas rase ich nach Trier in die dortige Tierklinik. Ich trage die Hündin aus dem Auto und bemerke, wie einzelne Blutstropfen aus der Nase rinnen. *Questa* wird auf eine fahrbare Trage gehoben und in einen Behandlungsraum geschoben. Ich darf nicht mit. Ich sehe, wie sie noch mal den Kopf zu mir dreht, als wolle sie sagen: „Bleib bei mir!“ Es ist der letzte Blick, der uns beide verbindet.

Ich soll nach Hause fahren, man will mich anrufen. Was die Hündin hat, ist noch völlig unklar. Meine Vermutung geht in Richtung einer Vergiftung. Meine Freunde Sabine und Gunter aber vermuten etwas ganz anderes: Aujeszkysche Krankheit.

In Boxberg hat die große Jagd ohne mich begonnen. Ich fahre zwar noch mal dorthin, aber das Treiben hat längst begonnen. Meine Gedanken sind bei meinem Hund. Wie wird es ihm gehen?

Es dauert nicht lange, da klingelt mein Handy. Eine Ärztin der Tierklinik aus Trier ist in der Leitung und die Nachricht trifft mich wie ein Schlag, obwohl ich es schon befürchtet hatte. *Questa* ist tot!

Todesursache unklar! Wir fahren wieder ins 80 Kilometer entfernte Trier. Ich nehme *Questa* mit nach Hause. Gunter will sie sezieren. Er wird Teile des Gehirns und der Organe in die Pathologie der Universität Gießen schicken.

Mit meinen Freunden und meiner Frau beerdige ich *Questa* in meinem Revier, dort wo schon all ihre Vorgänger, die bei mir ihr Leben ließen, die letzte Ruhestätte gefunden haben. Sie können jetzt in einer anderen Welt zusammen jagen!

Wie hatten wir uns auf diesen Tag, auf die große Jagd gefreut! Jetzt ist es einer der traurigsten Tage meines Lebens geworden. Noch treibt mich die Unruhe. Noch weiß ich nicht, was die Todesursache war. Noch vermute ich weiterhin Gift. Wir suchen mein gesamtes Grundstück ab, befürchten, jemand habe Giftköder über den Zaun geworfen. Wir finden gottlob nichts!

Nach wenigen Tagen kommt die Nachricht aus Gießen. Befund: Aujeszkysche Krankheit (AK). „Aujeszky“ ist eine Viruserkrankung, die vornehmlich Schweine befällt. Bei Schweinebauern ist diese Seuche genauso gefürchtet wie die Schweinepest. Heute dürfen die Hausschweinbestände gegen die Aujeszkysche Krankheit geimpft werden. Daher gilt Deutschland zurzeit als „AK-freies Land“.

Leider gibt es aber einen latenten Befall bei Wildschweinen. Hier wird meines Erachtens zu wenig untersucht. Das Schlimme für uns Hundehalter ist aber bei dieser Krankheit, dass sie auf Hunde übertragbar ist und mit absoluter Sicherheit zum Tode führt. Deshalb ist es auch höchst gefährlich, Hunde an erlegten Sauen genossen zu machen. *Questa* hat sich offensichtlich an einer nachgesuchten Sau infiziert. Es waren sechs Stück in der letzten Woche.

Die Inkubationszeit bei AK liegt zwischen einem und sechs Tagen. Ich kann nur von Glück reden, dass nicht noch einer meiner Schweißhunde infiziert wurde. Wahrscheinlich war der Virusträger der Frischling mit Laufschuss, den *Questa* allein gefangen hatte, denn an ihn hatte ich keinen anderen Hund herangelassen.

Questa wurde 4 Jahre alt, dann zog das Schicksal einen radikalen Schlussstrich. Aber sie hat in dieser kurzen Zeit eine bleibende Erinnerung in unseren Herzen hinterlassen.

Der Tod meiner Hunde war fast immer eine persönliche Tragödie. Weitaus schlimmer traf uns aber genau zwei Jahre später die Nachricht vom plötzlichen Tod meines Zöglings und Freundes Thomas. Nicht nur die Familie meines Freundes Achim wurde von diesem Schicksalsschlag völlig überrascht. Auch für alle, für die er Kumpel und Chef war, für die Jagd und für das Wild, das er stets anständig und waidgerecht bejagte, riss dieser Tod eine nicht zu schließende Lücke. Thomas war für mich wie ein Sohn, der die hoffnungsvolle nächste Generation im Jagdwesen verkörperte. Uns verbanden so viele gemeinsame Erlebnisse in guten und in schlechten Tagen. Dass er jetzt nicht mehr unter uns ist, betrübt mich bis heute und meine Gedanken wandern sehr häufig voller Wehmut zurück zu unserer gemeinsamen Zeit.

ZOLA

Was tun? Ich hatte *Questa* verloren. Ein Jahr zuvor war im Alter von nur 6 Jahren mein erster selbst gezogener Hannoversche Schweißhundrüde *Asam von der Steinrausch* durch einen Tumor im Bauch plötzlich verstorben.

Durch alle möglichen Hilfsmittel, wie zum Beispiel Schutzweste, GPS und vorsichtiges Schnallen, habe ich stets versucht, das Leben meiner Hunde zu schützen. Sowohl *Questa* als auch meinem *Asam* haben diese Vorsichtsmaßnahmen nichts genutzt. Sie starben an Krankheiten, gegen die kein Kraut gewachsen war.

Zola

Alle meine Hunde kamen bisher als Welpen zu mir – mit einer Ausnahme, als ich vor Jahrzehnten einen DD-Rüden als Althund nach dem Tod meines *Treu* übernahm. Diesen hielt ich aber nur vorübergehend.

Kira, die hervorragende Riemenarbeiterin musste ich auf jeden Fall schonen. Die zwischenzeitlich bei uns eingezogene neue Schweißhündin *Birka von den Sieben Steinhäusern* war nicht so weit, dass sie zuverlässig alle Nachsuchen leisten konnte. *Birka* war übrigens die Enkelin von *Kira*. Ihr Vater *Atoll von der Steinrausch* stand im Westerwald bei meinem Freund Uwe Schmitt. Aber, wie gesagt, noch lag die ganze Last auf *Kira*. Ich brauchte wieder einen Loshund als Bodyguard.

Da erfahre ich, dass ein bekannter Deutsch-Drahthaarzüchter aus der Nähe eine zweijährige Hündin zum Verkauf anbietet, weil diese wegen eines Zahnfehlers für die Zucht nicht infrage kommt. Ich schaue mir die Hündin an. Sie hat die Jugendsuche ordentlich absolviert, besitzt aber sonst recht wenig Jagderfahrung. Die Hündin sieht hübsch aus, ist einfarbig braun, macht aber einen etwas verängstigten Eindruck. Sie hat während ihrer Ausbildung offensichtlich unter massivem Druck gestanden.

Wir einigen uns darauf, dass ich *Zandora von der Hohen Acht,* genannt *Zola*, erst einmal probeweise übernehme.

Sie war bisher ein Zwingerhund. Ihr Lebenselixier bestand vornehmlich darin, dass sie im Kofferraum einer Limousine mitfahren durfte. Beim Anfassen zuckt die Hündin stets zusammen. Wenn ich ihr mit der Hand über den Rücken streiche, jault sie auf, als hätte sie dort Schmerzen. Ich glaube aber, es ist eher Angst.

Eine kleine Treibjagd an meinem Wohnort. Dort gibt es auch ein paar Sauen. Hier lasse ich *Zola* erstmals stöbern. Sie ist gleich verschwunden, jagt laut hinter einem Reh und kommt nicht wieder. Ich finde sie später über GPS mehrere Kilometer entfernt. Sie steht auf einem Waldweg an einem dort abgestellten Auto, das dem ihres Besitzers gleicht.

Jetzt kam es darauf an, Vertrauen aufzubauen. Meine Hand durfte nur Streicheleinheiten und Wohlgefühl vermitteln. Ich ging sehr behutsam mit der Hündin um. *Zola* war sehr verträglich. *Kira*, mittlerweile in die Jahre gekommen, akzeptierte sie, obwohl es auch hier keine große Liebe wurde.

Dann kam die erste Nachsuche, bei der *Zola* zum Einsatz kommen könnte. Wir suchen einen Frischling, etwa 20 kg schwer, mit einem Laufschuss. Hetze sehr wahrscheinlich! Mit *Kira* arbeitet mein Spannmann am Riemen. Ich führe *Zola* nach, denn sie soll lernen, dass wir beide ein Team sind. Die Arbeit absolviert *Kira* in gewohnter Perfektion.

In einer Buchenverjüngung wird das Schweinchen flüchtig. Ich habe mich mit *Zola* außen vor Kopf postiert. Die Sau flüchtet oberhalb von unserem Standort in einen dichten Brombeerverhau.

Ich schnalle *Zola*. Sie folgt der Fährte vielleicht 50 Meter weit in das Dickicht. Dann gibt sie einmal Laut und steht kurz darauf wieder hinter mir, als wolle sie sagen: „Chef, da ist ein schwarzes Tier, das habe ich noch nie gesehen. Geh du doch einmal schauen, ich bleibe hier draußen am Weg. Das ist sicherer!" Wir bringen die Sau dann mit *Kira* allein zur Strecke.

Auweia! Sollte das mein neuer Loshund und Sauensteller werden? Ich hatte Bedenken, dennoch entschloss ich mich nach wenigen Tagen, *Zola* fest zu übernehmen. Ich zahlte den gewünschten Betrag und der Hund gehörte mir!

Zola war sehr gelehrig. Wir hatten einige Gelegenheiten, bei denen ich sie zusammen mit *Kira* an schwachen Sauen schnallte. Wichtig war, dass sie zum Einstieg keine schlechten, schmerzhaften Erfahrungen machte. Es dauerte nicht lange, da grifft sie die erste schwache Sau und hielt fest.

Sie lernte sehr schnell, dass ich immer, wenn sie festhielt, schnell zur Stelle war und wir gemeinsam Beute machten. Die Erfahrung, die diese Hündin jetzt machte, war trotz ihres Alters von zwei Jahren noch prägend. *Zola* erwies sich dann doch als sehr mutig. Sie legte den Respekt vor Sauen sehr schnell ab und ließ bald wenig Vorsicht walten. Sie hatte noch nicht begriffen, dass Sauen dem Hund auch wehtun können. Diese Erfahrung musste sie noch machen … und das ging beinahe schief.

Im Anschluss an eine große Drückjagd in einem Eigenjagdbezirk des hohen Adels wird mir gemeldet, dass eine starke Sau angeschossen wurde. Wir wollen noch kurz vor Dunkelheit den Anschuss und – soweit möglich – die Fluchtfährte kontrollieren. Am Anschuss liegen reichlich Röhrenknochen. Die Sau ist deutlich sichtbar durchs Laub gerutscht. Ich vermute, dass zwei Läufe getroffen wurden und folge der Fährte. *Kira* arbeitet am Riemen, *Zola* wird nachgeführt. Bereits nach 300 Metern stehen wir vor einem kleinen Verjüngungshorst.

In dem Moment sehe ich, wie eine starke Sau diese Deckung verlässt. Ich rufe meinem Begleiter zu, er soll *Zola* schnallen.

Ich erhalte sofort die fragende Antwort: „Wirklich?"

„Ja!", erwidere ich. Und schon saust *Zola* an mir vorbei.

Schnell hat sie den Keiler eingeholt. Ich laufe hinterher. Die DD-Hündin stellt den Bassen. Sie trägt eine Schutzweste. Sie versucht sich am Teller des Keilers festzubeißen. Es gelingt der Sau, den Hund gegen einen alten, dicken, vom Wind gebrochenen Buchenstamm zu drücken. Gleichzeit schlägt er mit dem Gewaff zu. Ich versuche durch Rufen die Sau auf mich zu lenken. Es gelingt. Kaum hat sie mich entdeckt, nimmt sie mich an.

Auf wenige Meter setze ich ihr die Kugel zwischen die Lichter. *Zola* ist auch schon da und zerrt wütend an der Schwarte des wehrhaften Schweins. Die Schutzweste der Hündin ist von Blut rot getränkt. Grund ist eine klaffende Wunde an der Halsseite. Oh, wie mich das an meinen *Treu* erinnert!

Seit damals, als dieser Hund sein Leben an einer Sau ließ, habe ich stets Verbandsmaterial am Mann. Wir legen *Zola* einen Druckverband an. Über Funk ist auch ein Fahrzeug schnell zum nahe gelegenen Weg geordert. Hier wird weiteres Erste-Hilfe-Material eingesetzt. Ich packe *Zola* ins Auto und im Höchsttempo geht es Richtung Kelberg zu den mir vertrauten Tierärzten. *Zola* liegt auf dem Beifahrersitz. Ich versuche sie wachzuhalten, denn ich merke, wie sie schwächer wird und immer wieder einschlafen will.

In der Tierarztpraxis wird die Wunde am Hals genäht. *Zola* hat großes Glück gehabt, denn die Halsschlagader ist nicht quer, sondern längst geöffnet. Sie hat viel Blut verloren, aber dank unserer Erstversorgung vor Ort ist ihr Leben nicht in Gefahr.

Die Hündin baute in den nächsten Monaten und Jahren ein unglaubliches Vertrauen zu mir auf. Sie begleitete mich auf Schritt und Tritt. Es begann am Morgen mit dem Weg ins Badezimmer und endete am Abend mit unserem gemeinsamen Ruhen auf dem Sofa, wobei sie meist in meinen Armen schlief, während ich Fernsehen schaute. Bei fast allen Besprechungen war sie dabei und die Bindung zwischen uns beiden wurde immer stärker.

Sie entwickelte sich zu einem der besten Loshunde, die ich je hatte. Krankes Wild verfolgte sie wenn nötig über viele Kilometer. Sie ließ auch dann nicht ab, wenn das Stück mal einen größeren Vorsprung hatte. Die meisten Hetzen aber endeten nach wenigen hundert Metern, denn sie packte zu und band jedes Stück Wild, wenn sie es nicht durch Drosselgriff zu Boden ziehen konnte.

Zola liebte das Wasser. Sie begleitete mich auch zu Entenjagden bei Freunden in Norddeutschland. Ich sehe sie heute noch, wie sie mir eine über fünf Kilogramm schwere Kanadagans im Schilf apportiert. Auch das Suchen von kranken Enten im tiefen Schilfwasser verstand sie meisterhaft. Ich war so glücklich mit ihr. Ich nannte sie nur: „Mein Herzblatt!“

Eines Tages brach sie wie aus heiterem Himmel in meinem Büro zusammen. Es hatte vorher keine Anstrengungen, auch keine Anzeichen über irgendwelche Erkrankungen gegeben. *Zola* verfiel in sekundenlanges Koma, stand dann wieder auf, um Augenblicke später erneut zusammenzubrechen.

Sofort ging es in höchster Sorge zu meiner Tierärztin. Sie stellte fest, dass die Ohnmacht von fehlendem Sauerstoff im Gehirn herrührte. Die Ursache war das Herz. Telefonisch wurde ein Termin bei einer Herzspezialistin in Bonn vereinbart. Ich eilte mit dem Hund, dem es jetzt wieder etwas besser ging, in deren Praxis. Dort wurde eine starke Bradykardie, also eine schwere Herzrhythmusstörung, diagnostiziert. Das Herz schlug unregelmäßig und langsam.

Hier erfuhr ich auch, dass nur eine Implantation eines Herzschrittmachers dem Hund helfen könnte. Ich war erstaunt. Herzschrittmacher beim Hund? Das kannte ich nur aus der Humanmedizin. Ich erfuhr auch, dass diese Operation nur an einer Universitätsklinik durchgeführt werden kann. Man könnte es zwar mit Medikamenten versuchen, aber die Erfolgsaussichten wären gering.

Ich wollte es trotzdem versuchen. Ließ mir Medikamente verschreiben und besorgte sie für recht viel Geld in der nächsten Apotheke. Es war Freitag, der 15. März 2013. *Zola* war genau sechs Jahre alt.

Am Samstag, den 16. März, wurde ich morgens zu einer Nachsuche gerufen. Wie immer, wenn ich mich zur Nachsuche rüstete, wollte *Zola* mit. Ich nahm sie mit, aber es ging ihr nicht gut. Im Revier angekommen, ließ ich sie im Auto. Mit *Birka* suchte ich eine laufkranke Sau. Es wurde eine schwierige, aber erfolgreiche Nachsuche.

Später fuhr ich mit dem Auto zum gestreckten Überläufer, damit *Zola* von der ganzen Aktion etwas mitbekam. Aber ihr Interesse war gering. Ich merkte daran, wie schlecht es ihr ging. Zu Hause wurde der Zustand dann wieder merklich schlechter. Im Minutentakt befielen sie Krämpfe.

Am Sonntag bekam sie kaum noch den Kopf gehoben. Ich saß bei ihr, hielt sie, streichelte sie. In der Nacht zum Montag, den 18. März, es war der Tag meines Geburtstages, rechnete ich mit ihrem Ableben. Am frühen Morgen rief mich unsere Tierärztin Sabine an und berichtete, dass sie soeben mit der Universitätsklinik in Gießen telefoniert hätte.

Wir sollten sofort mit *Zola* dorthin fahren. Ich erklärte Sabine, dass es wohl keinen Zweck mehr hätte. Sie aber drängte zur Fahrt und so saßen meine Frau und ich kurze Zeit später mit unserem kranken Hund im Auto und fuhren im Eiltempo ins 160 Kilometer entfernte Gießen – ständig in der bangen Hoffnung, dass unser Hund noch lebte, wenn wir dort ankam.

Wir erreichten Gießen und *Zola* lebte noch. Sie hatte allerdings nur noch einen Pulsschlag von 22 Schlägen in der Minute. Über einen externen Katheder gelang es erst einmal, die Hündin zu stabilisieren. Ich hatte alle Untersuchungsberichte der Kardiologin aus Bonn dabei, was sehr hilfreich war. Uns wurde offeriert, dass man dem Hund sehr wohl einen Herzschrittmacher einpflanzen könnte, dieser Eingriff aber nicht ganz billig wäre. Mit Kosten von bis 4.000 Euro ohne Mehrwertsteuer müssten wir rechnen. Dazu kämen dann mehrere Nachbehandlungen. bzw. Nachuntersuchungen.

Was sollte es! Wir waren hierhin gekommen, um *Zola* zu helfen. Jetzt konnten und dürften Kostenfragen keine Rolle spielen. Wie viele Hunde hatte ich verloren, denen ich nicht mehr helfen konnte! Hier gab es nun eine medizinische Möglichkeit. Diese wollten wir wahrnehmen.

Zola wurde erfolgreich ein Herzschrittmacher implantiert. Am Nachmittag rief der operierende Professor mich an und meldete, dass mein Hund wieder mit minimal 60 Herzschlägen in der Minute den Umständen entsprechend wohlauf wäre. Welch ein schönes Geburtstagsgeschenk!

Zehn Tage musste die Hündin in der Klinik bleiben. Sie hatte die OP gut überstanden, aber offensichtlich Heimweh. Sie fraß nicht. Herzzerreißend war unser Wiedersehen. Als sie von einer Betreuerin am Tag der Entlassung zu mir gebracht wurde, sprang sie auf meinen Schoß und knurrte alle Umstehenden an. Ein Verhalten, dass diese Hündin noch nie an den Tag gelegt hatte. Ich glaubte, sie hatte Angst, sie würde wieder von mir getrennt.

Sie hatte natürlich stark abgenommen, war sonst aber munter wie eh und je. Wir mussten regelmäßig zur Nachuntersuchung, aber zunächst war bei der Hündin kein wesentlicher Leistungsabfall festzustellen. Sie hetzte sogar wieder. Allerdings wurde sie bei längeren Strecken langsamer. Sie bekam dann nicht genügend Sauerstoff, denn der Schrittmacher begrenzte auch die Herzfrequenz nach oben. Bei etwa 190 Schlägen in der Minute war Schluss.

Hunde, so erklärte es mir ein behandelnder Arzt, haben bei Hetzen aber oft eine Pulssequenz von weit über 200 Schlägen. Dennoch, wir machten manche Nachsuche mit Hetze, die auch erfolgreich beendet werden konnten. Ich begann aber peu à peu die Drahthaarhündin meines Freundes Gunter für die Hetze einzuarbeiten, denn ich mochte *Zola* so weit wie möglich schonen.

Es ist im Herbst 2015. Zweieinhalb Jahre sind seit der Herzoperation vergangen. In letzter Zeit bemerke ich einen deutlichen Leistungsabfall bei *Zola*. Am 16. November haben wir nachsuchenmäßig noch mal alle Hände voll zu tun. *Zola* wird von meiner Tochter mitgeführt. Hetzen braucht sie an diesem Tage nicht. Am nächsten Morgen hat *Zola* deutliche Atemprobleme. In der Tierarztpraxis wird ein Blutbild gemacht. Dies zeigt deutlich schlechte Werte. Noch mal wird versucht, sie medikamentös zu behandeln. Aber ihre Luftnot wird immer schlimmer. Am nächsten Tag verschlechtert sich ihr Zustand weiter. Sie kann sich nicht mehr hinlegen, denn dann bekommt sie fast keine Luft mehr. Ich erkenne, dass ihr Ende gekommen ist.

Am nächsten Tag beenden wir das Leiden. Zola schläft nach einer Spritze in meinem und im Arm meiner Frau ein. Sie liegt jetzt neben ihrer Nachsuchenführerin *Kira* im Garten unseres Grundstückes. Beide Hunde haben mich in den Zenit meiner Schweißhundführertätigkeit geführt. Es waren tolle Jahre, in denen wir gemeinsam helfen konnten, vielen Stücken Wild Schmerzen und Qualen zu verkürzen.

Aber noch ist meine Nachsuchenreise, auf denen ich bisher schon viele Kilometer auf den Knien hinter krankem Wild her kroch, nicht vorbei!

BIRKA VON DEN SIEBENSTEINHÄUSERN

Jeder Hund ist anders, jeder hat seine eigenen Verhaltens- und Arbeitsweisen. So war es jedenfalls während der ganzen Zeit, in der ich Hunde zur Jagd geführt habe. Und das sind mittlerweile über 52 Jahre. Dennoch – es gibt Ausnahmen.

Im März 2008 wurde meine HS-Hündin *Birka von den Sieben Steinhäusern* geworfen. Ihr Vater *Atoll von der Steinrausch* war der Sohn meiner legendären *Kira*. Eigentlich sollte der Sohn *Asam von der Steinrausch* die Nachfolge von *Kira* antreten. Aber leider ist er im Januar 2008 im 6. Behang für uns alle völlig überraschend an Krebs eingegangen.

Birka entwickelte sich, immer noch unter der Fuchtel der Kopfhündin *Kira,* sehr prächtig. Ich möchte nicht sagen, *Birka* hat von *Kira* gelernt, aber viele Verhaltensmuster waren ganz offensichtlich tradiert. *Birka* stand anfangs, wie dies häufig der Fall ist, im Schatten der älteren Hündin. Es ist häufig von Vorteil, einen erfahrenen Hund und einen jungen Hund gleichzeitig zu führen. In Ruhe konnte ich *Birka* Nachsuchen, die genügend Pirschzeichen zeigten und dadurch gut zu kontrollieren waren, selbstständig arbeiten lassen. Wurde es zu kompliziert, kam *Kira* nach vorn.

Ab Herbst 2011, nach dem Tod von *Kira*, war ich allein auf *Birka* angewiesen und, wie so oft, löste das beim Nachfolgehund einen gewaltigen Leistungsschub aus. Ihre Arbeitsweise am Riemen ist der von *Kira* verblüffend ähnlich. Immer die Nase am Boden, wenn es schwierig wird, noch tiefer einatmend – ich nenne es „Turbo-Einschaltung“ –, sucht dieser Hund stets die Fortführung der Krankfährte.

Sie ist absolut verleitungsfrei. Kreuzende Gesundfährten werden nur kontrolliert, eventuell auch mal 50 Meter nachgearbeitet, sowie *Birka* aber feststellt, dass dieses Stück nicht krank ist, dreht sie um und kommt zu mir zurück.

Frappierend identisch ist auch ihr Verhalten, wenn wir ans kranke Stück herankommen. Sobald sie es in die Nase bekommt, wird sie am Riemen laut. Damit gibt sie das Kommando, wann geschnallt werden soll. Dass ich natürlich nicht in jedem Fall dieser Aufforderung folge, versteht sich aus der Tatsache, dass erst einmal die allgemeine Gefahrensituation abgeschätzt werden muss. Oft verhindern nahe gelegene, stark befahrene Straßen oder Bahnlinien den freien Lauf eines Hundes. Nicht nur der Hund wäre in hohem Maße gefährdet, sondern auch Verkehrsteilnehmer, die mit dem kranken Stück oder dem verfolgenden Hund kollidieren könnten.

Birka mit starkem Eifelhirsch

Immer, wenn ich nicht schnalle, wird meine Hündin sehr ungehalten und zieht dann mit einer unbändigen Kraft am Riemen und mit hoher Nase dem flüchtig gewordenen Stück hinterher. Ihre ganze Arbeitsweise ist so identisch mit der, die *Kira* bei all ihren Einsätzen an den Tag legte, dass ich mich heute noch oft dabei ertappe, sie mit *Kira* anzusprechen. Es ist für den Leser vielleicht schwer zu verstehen, aber die Tatsache, dass ein zweiter Hund dem Vorgänger gleicht wie ein Klonprodukt, ist für mich ein ganz besonderer Glücksfall.

Draußen regnet es in Strömen. Ich bin von einer Nachsuche auf einen Bock mit hohem Hinterlaufschuss zurück. Wir haben ihn in einer dichten Buchennaturverjüngung nach kurzer Hetze mit unserem Loshund *Coco*, der Deutsch-Drahthaarhündin meines Freundes Gunter, zur Strecke gebracht.

Jetzt bin ich in meinem Büro oder besser meinem „Herrenzimmer", weil ich mein ehemaliges Arbeitszimmer nach Eintritt in den forstlichen Ruhestand aufgegeben habe. Wir haben einen kleinen Anbau an unser Wohnhaus im letzten Sommer erstellen lassen. Dies ist jetzt mein Arbeits- und Wohlfühlzimmer, weil mich hier drin viele Utensilien und Trophäen an meine jagdliche und berufliche Vergangenheit erinnern.

Ich sitze am Schreibtisch, schaue durch die großen Glasscheiben nach draußen, wo jetzt, mitten im Sommer des Jahres 2016, wegen der großen Nässe das Laub von Ahorn, Birke und Buche noch immer saftig grün erscheint.

Meine Gedanken streifen wieder einmal in die Vergangenheit. Aber ich brauche nicht weit nach hinten zu greifen. Noch stehe ich im vollen Nachsucheneinsatz, noch zehre ich nicht nur von der Erinnerung an frühere Zeiten.

Heute ist *Birka* mein Tophund. Welch großartige Leistungen hat sie gerade wieder einmal in den letzten Wochen vollbracht. Wie sagt man in der modernen Sprache der heutigen Jugend: „Wir haben einen Lauf."

Wie schwer haben wir uns mit manch einer gekrellten oder laufkranken Sau schon getan. Wie oft hat es in meinem Leben Serien gegeben, wo es uns nicht gelang, ein einziges krank geschossenes Stück Wild zur Strecke zu bringen. Aber jetzt haben wir gerade eine Positivserie.

Draußen kommt gerade die Sonne zwischen den dicken Gewitterwolken zum Vorschein. Ihre Strahlen fallen in mein neues Domizil, sie erhellen den Raum. Meine Seele aber erhellen auch die Gedanken an meine *Birka*. Es macht so viel Freude, mit ihr zu arbeiten.

Ich suche keine Bestätigung bei der roten Arbeit. Wohin *Birka* geht, dahin ist auch das kranke Stück gezogen. Sie verharrt am Riemen, wenn ich sie zwischendrin einmal abfrage, ob diese Fährte noch „verwund" ist. Schweiß brauche ich keinen zu sehen. Manche Stücke schweißen sowieso so wenig, dass es für unser Auge ohnehin nicht erkennbar ist.

Birka muss ich schonen, muss mir so lange es eben geht diese exzellente Riemenarbeiterin erhalten. Ich weiß, dass ich ihrem Verlangen, wenn das kranke Stück vor uns flüchtig wird, viel zu selten nachkomme. Sie hetzt so gern, bleibt am gesuchten Stück und ist so wunderbar fährtenlaut. Sie hat alle Voraussetzungen, die der perfekte Schweißhund haben sollte. Aber mir ist sehr bewusst, dass die Gefährdung des Hundes besonders dann beginnt, wenn ich ihn vom Riemen lasse.

Allein aus diesem Grund lasse ich einen Loshund nachführen, der für die Hetze zuständig ist. Nicht dass ich falsch verstanden werde: Der Loshund ist mir nicht weniger wert und kein „Kanonenfutter", wie man so leicht dahersagt. Nein, darum geht es nicht. Aber ein Loshund ist schneller und einfacher zu ersetzen, als so eine grandiose Riemenarbeiterin. Und die wesentliche Arbeit der Nachsuchen ist nun mal die am langen Riemen!

Seit dem vergangenen Jahr, als meine Deutsch-Drahthaarhündin *Zola* durch ihre Herzprobleme leistungsmäßig abfiel, haben wir die DD-Hündin *Coco* meines Tierarztes und Freundes Gunter stets mitgenommen. Sie wird meist von Felix, dem passionierten Jungjäger aus der Familie Bürgener, nachgeführt.

Auch dieser Hund musste das Hetzen kranken Wildes erst einmal lernen. Ich erinnere mich gut an die ersten Hetzen dieser fährtenlaut jagenden Hündin. Sie brach manche Verfolgung zu früh ab, konnte das verfolgte Stück nicht stellen und somit nicht binden, bis wir an den Bail herangerückt waren.

Mit zunehmenden Einsätzen und damit einer immer größer werdenden Erfahrung haben sich die Misserfolge bedeutend verringert. *Coco* weiß inzwischen sehr genau, dass ein verletztes Stück Wild zu bekommen ist. Sie bleibt dran, auch wenn sich das Stück mal nicht so schnell vor dem Hund stellen will. Beispielhaft sei folgende Nachsuche aus den letzten Wochen geschildert:

Es hat tags zuvor sintflutartig geregnet. Am frühen Morgen erreicht mich ein Anruf aus einem weiter entfernt gelegenen Jagdbezirk mit der Nachricht, dass der Pächter spätabends eine Sau beschossen habe. Das Stück habe nach dem Schuss kurz gelegen, sei dann aber klagend der Rotte gefolgt.

Am Anschuss sind, auch wegen der enormen Regenmengen, keine Pirschzeichen festzustellen. *Birka* untersucht die Anschussstelle und zeigt mir dann genau die Fluchtrichtung, in die die Fährte verläuft. Sie kann trotz der erheblichen Wassermengen offensichtlich den Fluchtverlauf gut riechen. Ich folge, hinter mir mein Spannmann mit *Coco* als Loshündin.

In einem dichten Schwarzdornverhau, den ich nur kriechend durchqueren kann, finde ich in der Tat einen Tropfen Schweiß. Es geht aber wieder aus diesem Einstand heraus und wir folgen dem kranken Wild über weite Strecken durch Hochwald und lichtere Stangenhölzer. In einem Tal müssen wir einen Bach überqueren, was nach den Unwettern der letzten Tage wahrlich nicht so einfach ist. Das ansonsten kleine Rinnsal hat jetzt eine Breite von mehreren Metern und ist in der Mitte verdammt tief. An einer schmaleren Stelle, die wir mutig mit einem weiten Sprung überwinden, erreichen wir das andere Ufer.

Ich suche kurz entlang des Wasserlaufes und *Birka* zeigt mir den Auswechsel der Sau. Weiter geht die Reise. Insgesamt werden wir inzwischen knapp drei Kilometer gelaufen sein. Der Schütze, mit dem wir über Funk verbunden sind, soll ein Fahrzeug nachziehen. Es besteht nur noch ganz schwacher Funkkontakt.

Dann erreichen wir eine Buchennaturverjüngungsfläche. Kaum dass wir in diese eingetaucht sind, wird *Birka* laut am Riemen. Sekunden später ist *Coco* von der Halsung. Schon geht die Post ab. Der Hetzlaut der Drahthaarhündin entfernt sich sehr schnell. *Birka* will auch hinterher, ich lasse sie aber nicht. Es tut mit auch leid, aber sie versteht nicht, dass es mir nur um ihre Sicherheit geht. Gunter ist schon losgelaufen, folgt dem Hetzlaut.

Ich stehe und schaue auf meinen GPS-Empfänger. 300 Meter weiter steht die Hündin, ich höre auch kurz Standlaut. Dann bewegt sich *Coco* wieder laut hetzend auf uns zu. Ich orte sie, kann aber den Bereich im Unterhang, an dem sie mich jetzt wieder passiert, nicht einsehen. Gunter kommt zu mir zurück. Die Hündin ist jetzt entgegengesetzt außer Hörweite und nach kurzer Zeit ist der GPS-Kontakt zu ihr abgebrochen.

Ich rufe nach unserem Fahrzeugführer. Kein Funkkontakt mehr, aber über Handy erreiche ich ihn. Er ist ziemlich weit weg und meldet, dass er sich festgefahren hat. Verflixt! Dem Hund zu Fuß zu folgen, wäre in dem steilen Gelände recht mühsam und wenig Erfolg versprechend. Also warten Gunter und ich in der Hoffnung, dass irgendwann unser Hund zurückkommt oder der Schütze uns mit seinem Fahrzeug abholt. Etwa eineinhalb Stunden vergehen. Ein Trecker musste aus dem Dorf anrücken, um den schweren Geländewagen wieder auf festen Boden zu ziehen.

Der Hund ist immer noch nicht zurück. Ich springe ins Auto. Wir fahren in Richtung des verklungenen Hetzlautes. Weder Fahrer noch ich kennen uns hier aus. Wir sind längst in einem anderen

Revier. Irgendwo ist der von uns genommene Weg plötzlich durch Schwarzdorn zugewachsen. Wir können nicht mehr rückwärts, fahren mit dem starken Land Rover mitten durch die Dornen. Gott sei Dank ist das Fahrzeug mit dicken Stollenreifen bestückt, sonst hätten wir jetzt sicher alle Reifen platt. Immer noch haben wir keinen Kontakt zur Drahthaarhündin.

Zwei Ortschaften weiter nehmen wir eine Landesstraße in ein größeres Waldgebiet. Plötzlich habe ich den Hund wieder in meinem Garmin-Gerät! Wir bewegen uns so schnell es geht in die angezeigte Richtung. Das Gerät zeigt eine Entfernung von 500 Metern zum Hund an. Wir nähern uns, 400 Meter, 300 Meter, 200 Meter – Stopp! Ich springe aus dem Auto, irgendwo hier muss der Hund sein. Ich vermute, dass er auf der Straße läuft. Aber jetzt höre ich ihn. Oberhalb der Straße aus einer alten Windwurffläche ertönt der tiefe Standlaut des stellenden Hundes.

Welch ein Klang in meinen Ohren! Der Anmarsch den Hang hinauf durch zum Teil meterhohe Brombeerverhaue ist äußerst mühevoll. Aber ich muss zum Hund! Manchmal höre ich ihn nicht mehr. Er wird wohl jetzt nicht von der Sau ablassen? Dann wieder, 60 Meter vor mir: „Hau, hau, hau." Jetzt rüde ich die Hündin an. Sie muss wissen, dass Hilfe in Anmarsch ist. Der Bewuchs ist verdammt dicht. Hier und da kann ich den Hund kurz erkennen, da er eine Weste trägt. Das Gelb dieses Schutzes ist deutlich sichtbar. Aber wo steht die Sau?

Dann sehe ich etwas Schwarzes links, der Hund steht rechts. Jetzt ist ein Schuss ohne Gefährdung für den Hund möglich. Es ist genau die Blattschaufel des Überläufers, die ich zwischen dem Astgewirr freibekomme. Ich lasse fliegen. Die Sau bricht im Feuer zusammen.

Über zwei Stunden hat die Hündin diese vorderlaufkranke Überläuferbache gestellt. Warum dies nicht in einer kürzeren Distanz gelang, entzieht sich meiner Kenntnis. Die Hetze erstreckte sich über vier Kilometer! Bemerkenswert ist die Dauer, die dieser

Hund, der erst seit gut einem Jahr als Loshund in meiner Schweißhundstation mitgeführt wird, am Stück geblieben ist.

Nur zwei Tage später. Wieder stehe ich an einem Anschuss. Keinerlei Pirschzeichen vom am Vorabend beschossenen starken Keiler. In einer etwa zwei Meter hohen Brennnesselfläche kurz dahinter war die Sau zusammengebrochen. Ich kann deutlich die Liegestelle anhand der umgeknickten Pflanzen erkennen. Am äußeren Rand der Stelle finde ich Schweiß! Der Schuss muss also hoch sitzen, denn hier lag der Rücken des Keilers. Ich vermute einen Krellschuss.

Der Schweiß ist anfangs sehr spärlich, er wird im Laufe der Flucht gänzlich verschwinden. Solange ich Bestätigung habe, arbeite ich diese Fährte mit meiner jetzt einjährigen Hannoverschen Schweißhündin *Diana aus dem Sickinger Land*. Sie wird voraussichtlich der letzte Schweißhund sein, den ich professionell führe.

Vor wenigen Wochen habe ich diese junge Hündin zur Vorprüfung anlässlich der Hauptversammlung des Vereins Hirschmann geführt, die dieses Jahr in Holland im dortigen Nationalpark „De Hoge Veluwe" stattfand. *Diana* hat unter den kritischen Augen der Richter, aber auch der etwa 200 anwesenden Hirschmann-Mitglieder einen bleibenden Eindruck hinterlassen. Als Prüfungsbeste kehrten wird in die Eifel zurück.

Jetzt arbeite ich mit ihr. Auch wenn diese Hündin eine Prüfung hoch dekoriert bestanden hat, so ist es trotzdem noch ein weiter Weg, aus ihr einen zuverlässigen Schweißhund für den täglichen Einsatz zu formen.

Als ich keinen Schweiß mehr erkennen kann, die Fährtenarbeit schwieriger wird und die kleine Hündin mal hierhin, mal dorthin bögelt, wechsele ich die Riemenarbeiter. *Birka* kommt nach vorn. Zielsicher und fest im Riemen ziehen wir durch Niederwaldhänge rund um die Riedener Mühle. Jeden Richtungswechsel der Sau meistert meine *Birka* ohne große Schwierigkeiten.

Der Keiler ist über die Talstraße ins Nachbarrevier gewechselt. Wir haben mit den anwesenden Jägern die speziell von Motorradfahrern stark frequentierte Straße so gut wie möglich abgesichert. Ich verständige telefonisch den Nachbarrevierinhaber. Es geht hangaufwärts. Viele tiefe Gräben, die die Sau alle überwunden hat, müssen auch wir durchqueren. Ein Fahrzeug bleibt stets in der Nähe, damit wir im Falle einer Hetze Hund und Sau folgen können.

Es ist in diesem Gelände auch für einen gut trainierten Läufer wahrlich nicht einfach, einer Fährte zu folgen. Es geht ständig bergauf, bergab. Wie sagte einmal ein Kollege aus Norddeutschland zu mir, als er hier zu Besuch war: „Ich habe nie gedacht, dass bei euch die Berge so steil sind. Das ist ja wie in den Alpen."

„Ja" erwiderte ich, „sie sind oft so steil, nur nicht so lang!"

Weil ich mich recht gut auskenne und im Bedarfsfall besser weiß, wohin wir der flüchtenden Sau folgen müssen, wenn es zur Hetze kommt, übergebe ich meinem jungen Begleiter Felix die Schweißhündin. Auch mit ihm arbeitet sie unbeirrt und zielsicher. Felix hat schon öfter mit *Birka* die Riemenarbeit übernommen. Er kennt das Verhaltensmuster der Hannoveranerin genau, auch er kann die Hündin „lesen".

Felix' Vater Gunter, der ausnahmsweise auch mit von der Partie ist, führt als Loshund *Coco* nach. Die beiden ziehen zusammen mit dem Schützen weiter. Ich begebe mich ins Fahrzeug des Jagdaufsehers des Reviers, in dem wir uns jetzt befinden.

Felix meldet mir nach kurzer Zeit über Funk, dass er einen Kessel mit Schweiß gefunden hat. Übrigens der erste erkennbare Schweiß auf den letzten zwei Kilometern. Dann wird vor der Nachsuchenmannschaft eine Sau flüchtig. *Coco* wird ins Rennen geschickt. Ich höre den Fährtenlaut der Drahthaarhündin. Es geht talabwärts über die Straße in Richtung unseres Anschusses. Leider sind wir mit dem Fahrzeug zu spät an der Stelle des Überwechsels.

Wir können weder Sau noch Hündin sehen. Aber mit meinem GPS-Gerät verfolge ich den Verlauf der Hetze. Nach 300 Meter bricht *Coco* die Verfolgung ab und kommt zurück. Felix und Gunter sind auch mittlerweile im Tal. Mit *Birka* wird die Hetzfährte kontrolliert. Die Hündin zeigt wenig Interesse. Damit ist klar: Das war keine kranke Sau!

Also den Hang hoch zu der Stelle, wo Felix den Schweiß im Kessel fand. Ich übernehme noch mal selbst die Riemenarbeit. *Birka* arbeitet jetzt entlang des Hanges über die Stelle hinweg, wo vorher die Sau flüchtig wurde. Sie will auch nicht der Fluchtfährte folgen, an der zuvor *Coco* geschnallt wurde. Die erfahrene Hündin hat erkannt, dass hier eine gesunde Sau zufällig im unmittelbaren Bereich der Krankfährte saß. Das kommt öfters vor, muss aber von einem guten Gespann erkannt werden.

Nachdem wir diese Hürde gemeistert haben, folgen wir einem ausgetretenen Wechsel. Ich übergebe wieder an Felix. Nach einem weiteren Kilometer kommen wir an eine Dickung. Der Jagdaufseher vermutet, dass sich der Keiler in diesem beliebten Saueneinstand gesteckt haben könnte. Mit den verbliebenen Jägern stellen wir so gut es geht den Deckungskomplex ab. Felix und Gunter tauchen in die Douglasienanpflanzung ein. Ich positioniere mich oberhalb auf einem Hangweg.

Nach kurzer Zeit höre ich den Laut von *Birka:* Das Gespann ist auf den Keiler aufgelaufen. Gunter schießt hinter der flüchtenden Sau her und schnallt *Coco*. Der Laut der Hündin kommt auf mich zu. Ich kann in die Dickung aufgrund einiger Fehlstellen hineinschauen. Dort taucht der Keiler auf. Er trollt parallel zu mir am inneren Dickungsrand Richtung Einwechsel. Auf Tuchfühlung an seinem Pürzel die ihn verfolgende *Coco*. Ich kann nicht schießen, es wäre viel zu gefährlich, sowohl für den Hund als auch gegebenenfalls für die Hundeführer, die sich noch in der Dickung befinden, die ich aber nicht sehen kann.

Der Keiler verlässt also seinen Einstand und flüchtet – gefolgt von der Drahthaar-Hündin – in den Hang, aus dem er gekommen ist. *Coco* kann ihn nicht binden. Ich versuchte noch anfangs, der

Hetze zu folgen, aber zu schnell haben die beiden den ersten tiefen Graben durchquert. Die Entfernung wird immer größer, was auch das Telemetriegerät bestätigt.

Ich hole per Funk ein Fahrzeug heran. Der Wagen kommt. Ich springe hinein und gebe Anweisung an den Fahrer, einem Jäger aus den Niederlanden. Im Auto sitzen noch zwei weitere jüngere Jäger aus unserem Nachbarland. Sie wissen gar nicht, was im Moment vor sich geht. Ich rufe nur: „Gib Gas, jetzt kommt es auf Sekunden an!“ Es ist zu befürchten, dass die Hetze zurück über die Straße verläuft – die jetzt aber nicht mehr abgesichert ist. Ich will auf jeden Fall die Hetze vor der Straße abfangen.

Der Abstand zwischen uns und Hund wird kleiner, wie mir mein Garmin anzeigt. Wir kommen wieder in einen tiefen Taleinschnitt, sind aber einige Momente zu spät, denn bereits im Gegenhang können wir Keiler und unmittelbar an ihm den Hund über den nächsten Höhengrad ziehen sehen.

Es gibt keine Wendemöglichkeit, deshalb Rückwärtsgang eingelegt bis zur nächsten Wegegabelung! Dann weiter um den Berg herum. Jetzt sind wir vor Keiler und Hund. Auf der Karte meines GPS-Empfängers sehe ich, dass sie sich genau auf uns zubewegen. Ich springe aus dem Auto, laufe einige Meter nach vorn. Da kommen sie! Das grobe Schwein zieht durch einen Graben, hintendran der Deutsch-Drahthaar, höchstens halb zu groß wie die Sau. Sie müssen den Weg kreuzen, auf dem ich stehe.

50 Meter zurück ist das Fahrzeug mit den jungen Jägern aus Holland geparkt. Sie haben jetzt einen Logenplatz, beobachten die ganze Szene und finden später, dass es ein tolles Jagderlebnis gewesen sei. Sie hatten gar nicht so richtig verstanden, wieso wir mit dem Auto so schnell durch den Wald rasten und wieso ich genau wusste, wo wir den Keiler auf seinem Fluchtweg abfangen können.

Als die Sau einen genügend großen Sicherheitsabstand zum Hund hat, kann ich ohne Sorge abdrücken. Der Keiler bricht zusammen und liegt bestens abtransportbereit auf dem Waldweg. Die Länge der gesamten Flucht betrug rund neun Kilometer. Die Kugel vom Vorabend saß am oberen Rand der Blattschaufel. In dieser Höhe liegt der Schusskanal immer noch oberhalb der Wirbelsäule. Viele Jäger wissen nicht, dass die Wirbelsäule von außen betrachtet, bei einem Stück Schwarzwild recht tief verläuft. Vor allem auch deshalb, weil die langen Borsten, die sogenannten Federn, eine größere Körperfläche vortäuschen.

Mit *Birka* habe ich zwischenzeitlich 1 200 Nachsuchen absolviert. Sie befindet sich auf dem Zenit ihres Könnens. Hoch erfahren und körperlich noch sehr leistungsfähig! Mit ihr im Rücken lässt sich meine junge, talentierte Nachwuchshündin *Diana* in Ruhe einarbeiten, indem ich jede Suche zuerst einmal mit dieser Hündin beginne.

Vielen jungen Jägern habe ich nicht nur das Handwerk der Nachsuchentechnik vermittelt, viel Wert lege ich dabei immer auf die ethischen Grundprinzipien des Waidwerks. Anschaulicher als

Birka und Diana

beim Erleben rund um die Nachsuche, wobei Leid und Schmerz des verletzten Wildes sowie die gute (gerechte) oder die schlechte (unwaidmännische, tierschutzwidrige) Gesinnung des ein oder anderen „Auftraggebers“ deutlich zum Vorschein kommen, kann jagdliche Erfahrung für einen jungen Waidmann kaum ausfallen.

Daher habe ich gern junge Menschen in die Nachsuchenthematik eingeführt. Wir brauchen aber auch gute qualifizierte Schweißhundführer in Zukunft. Denn auch modernste Technik und Kommunikation können den Einsatz von firmen Schweißhunden nicht ersetzen. Sie waren und sie werden auch in Zukunft zur waidgerechten Jagdausübung unverzichtbar sein.

GEBRECHSCHÜSSE

Es gibt Schussverletzungen der verschiedensten Art und ich bin überzeugt, dass alle Verletzungen dem Wild unsagbare Schmerzen bereiten. Eine Verletzung aber dürfte die schlimmste sein: Schüsse durch den Unter- und/oder Oberkiefer.

Alle Organe und der Verlauf der Nervenbahnen sind beim Schwein vergleichbar mit denen des Menschen. Chirurgen lernen während ihrer Ausbildung deshalb meist die Operationstechniken zuerst an Körpern von Schweinen.

Wir wissen nicht, wie Tiere Schmerzen empfinden, wir müssen aber davon ausgehen, dass die Schmerzen ähnlich sind wie bei uns. Fast jeder hatte sicher einmal Zahnschmerzen. Wir wissen dadurch sehr genau, wie sehr uns ein einzelner Zahn quälen kann. Im Kiefer laufen die Nervenbahnen zusammen. Ein zertrümmerter Kieferknochen muss hundertfache Zahnschmerzen auslösen. Dagegen gibt es Schmerzmittel und letztlich einen Zahnarzt, der uns die Qual nimmt. Diese Möglichkeit hat ein Stück Wild nicht. Hier ist niemand, der dem armen Geschöpf schmerzlindernde Mittel verabreichen kann. Das mit zerschossenem Gebrech konfrontierte Schwein muss unvorstellbare Schmerzen haben. Dazu kommt noch, dass es in aller Regel keine Nahrung, ja, nicht einmal Flüssigkeit aufnehmen kann. Hunger und Durst, einhergehend mit hohem Fieber bewirken einen Zustand, an den ich gar nicht denken mag.

Und zu allem Überfluss werden diese Wunden in den Sommermonaten auch noch von Fliegen befallen, die ihre Eier dort ablegen, aus denen dann innerhalb von 24 Stunden die Maden schlüpfen. Ein Horrorszenario! Leider aber keine Fiktion, sondern bittere Realität!

Gebrechschüsse zu vermeiden ist die oberste Maxime, die wir bei der Jagdausübung beachten müssen.

Die Häufigkeit solcher Verletzungen rührt im Wesentlichen aus dreierlei Faktoren:

Beim Flüchtigschießen wird zu weit vorgehalten. Die Gebrechschüsse sind oftmals das Ergebnis von mangelndem Training oder sie beruhen auf der Verwendung langsamer fliegender Geschosse auf den „Laufenden Keiler" wie zum Beispiel mit der .22 Hornet. Wenn ich als Schütze das gleiche Vorhaltemaß bei der Jagdausübung anwende, wie ich es mit der Hornet auf den „Laufenden Keiler" praktiziere, ergeben sich daraus in aller Regel Schusstreffer, die zu weit vorne sitzen.

„Hinter den Teller schießen": Eine Unsitte, die leider vielen Jagdausübenden nicht auszutreiben ist. Da wird erzählt, dass der Treffer hinter dem Teller zum sofortigen Zusammenbrechen führt, das Stück also auf der Stelle bleibt und darüber hinaus der Schuss die geringste Wildbretzerstörung bewirkt.

Das gesamte Haupt eines Stückes Schwarzwild besteht aus Knochenmasse. Nur wenn das Gehirn direkt getroffen wird, führt dieser Treffer zum sofortigen Tod. Die Größe des Gehirns hat bei einem Überläufer etwa die Größe eines Tennisballs. Diesen Punkt zu treffen, ist wahrlich nicht einfach. Oder anders betrachtet: Auf 90 Prozent der Kopffläche führt der Treffer zu keinem sofortigen Tod. Die Stücke gehen oft erst nach Tagen oder Wochen qualvoll ein, mit all dem Leid, das ich zuvor bereits beschrieben habe.

Schuss aufs Haupt: Das ist die verantwortungsloseste Methode, Wild erlegen zu wollen. In den vielen Jahren meiner Schweißhundführertätigkeit ist mir klargeworden, dass es tatsächlich eine größere Anzahl von Jägern gibt, die diesen Schuss geradezu favorisieren.

Es ist nicht lange her, da wurde ich zu einer Nachsuche gerufen, die nach allem, was wir an Pirschzeichen vorfanden, auf einen Treffer am Gebrech hindeutete:

Es ist Sommer, die Sonne steht im Zenit, die Außentemperaturen liegen bei 25 °C. Am Morgen gegen 7 Uhr klingelt das Telefon. Am anderen Ende meldet sich ein Jagdaufseher, der mir berichtet, dass er am Vorabend einen Keiler spitz von vorn beschossen hat. Die Sau habe auf den Schuss hin fürchterlich anhaltend geklagt, wie er es noch nie vernommen habe.

Zwei Stunden später stehe ich mit meinem Team am Anschuss. *Birka* untersucht die Anschussstelle und verweist neben Schweiß sicherlich eine Handvoll Knochensplitter: Knochenteile des Unterkiefers, daneben einige Zähne und ein Stück Zunge. Die Dickung um den Anschuss ist bürstendicht. Gerade in diesem Jahr ist der Kraut- und Strauchwuchs wegen der hohen Niederschläge im Frühsommer besonders üppig.

Wir folgen der Wundfährte mit gut erkennbarem Schweiß zuerst mit der jungen Hündin *Diana*. *Birka* und *Coco* werden von Felix und Gunter nachgeführt. Als der Schweiß nachlässt, die Folge schwieriger wird, nehme ich *Birka* nach vorn, die sofort stramm am langen Riemen voransucht. Im dichtesten Verhau gibt sie plötzlich Laut. Ich weiß: Wir sind am Schwein.

Coco wird geschnallt, überschießt aber offensichtlich den verletzten Keiler, der sich noch vor uns befindet, denn ich kann sein schweres Röcheln deutlich vernehmen. Dann bricht die Sau nach vorne weg. Wir können sie nicht sehen, hören nur das Knacken des Unterholzes und das sich entfernende schwere Atmen. *Coco* ist jetzt auf der Fährte. Ihr Hetzlaut verklingt schnell in der Ferne und ist schließlich nicht mehr zu hören.

Ich eile zum Auto und versuche damit, der Hetze zu folgen. Doch schon bald reißt auch der Funkkontakt des Garmin-Gerätes ab. Mit *Birka* folgt Felix auf der Fluchtfährte.

Irgendwo in einem langen Talkessel habe ich wieder Kontakt zum Hund. Er bewegt sich zurück, ist offensichtlich nicht an die Sau herangekommen. Ich finde den Hund und nehme ihn ins Fahrzeug. Felix erreicht uns bald, denn *Coco* ist genau auf der Hinfährte zurückgekommen. Wir können und wollen die Sache damit nicht beenden. Also heißt es, der Fluchtfährte weiter mit der Gewissheit folgen, dass das jetzt eine weite Reise werden wird.

So kommt es dann auch. Es geht von Dickung zu Dickung über etwa drei Kilometer. Der Temperaturanzeiger im Auto steht auf 28 °C, es ist brütend heiß. Wir überqueren eine kleine Nebenstraße, die am heutigen Sonntag insbesondere von Motorradfahrern stark befahren ist. Während Felix und Gunter (jetzt wieder mit *Coco*) der Fährte ins nächste Tal hinein folgen, bleibe ich an der Straße, um zusammen mit dem Schützen den Verkehr zu warnen, wenn es zu einer erneuten Hetze kommen sollte.

Und genauso passiert es: Schon in der nächsten Dickung wird *Birka* wieder laut. Wieder hetzt *Coco.* Der Laut der Hündin bewegt sich aber tiefer ins Tal. Dort wird die Straße, für uns nicht einsehbar, wiederum überquert. Lange und weit hetzt die Hündin. Ich verfolge sie über meine Telemetrie. Die Fluchtrichtung verläuft jetzt Richtung Bundesstraße, die gleichzeitig Zubringer zum Nürburgring ist. Ich düse so schnell es geht hoch zur B258. Autos und Motorräder jagen im Sekundenabstand über die lange Gerade, die hier besonders breit ausgebaut ist.

Der Hund bewegt sich genau auf diesen Streckenabschnitt zu, zeigt mir mein Empfangsgerät. Ich habe die Warnbeleuchtung am Fahrzeug an, aber das stört die meisten Verkehrsteilnehmer nicht. Unvermindert schnell schießen sie an mir vorbei. Ich springe aus dem Auto, das ich auf der Fahrbahn abgestellt habe und versuche den Verkehr zu stoppen. Es gelingt teilweise, dann sehe ich den Hund. Er sucht am Fahrbahnrand etwa 100 Meter entfernt nach der Fährte. Es gelingt mir tatsächlich, die Drahthaarhündin abzufangen.

Wir sind allesamt platt und haben das „arme Schwein" nicht zur Strecke gebracht. Trotzdem überlegen wir, ob wir nicht nach einer Pause weitermachen sollten. Uns ist klar, dass wir an dieses Stück nur durch eine weitere Hetze eventuell rankommen können.

Aber das Risiko hier im unmittelbaren Bereich des Nürburgrings mit seinem hohen Verkehrsaufkommen nochmals einzugehen, halten wir für zu groß. Mit hängenden Köpfen und dem Wissen, dass hier ein Stück Schwarzwild elend zugrunde gehen wird, brechen wir die Nachsuche am Nachmittag ab.

Das Ereignis beschäftigt mich noch Tage. Aber am Ende musste die Vernunft siegen, denn, so schlimm es ist, einem Stück Wild nicht helfen zu können, es müssen auch die möglichen Konsequenzen bedacht werden, die wir mit einem Unfall hervorrufen können. Das ganze Elend hätte verhindert werden können, wenn der Schütze gewartet hätte, bis der Keiler sich breit stellt und nicht versucht hätte, das Schwein spitz von vorn aufs Haupt zu schießen.

Einer der krassesten Fälle für skrupelloses Verhaltens liegt einige Jahre zurück: Ein Jäger bittet mich im Juli um eine Nachsuche auf einen Überläufer. Die Sonne strahlt vom wolkenlosen Himmel, entsprechend sind die Temperaturen. Bei etwa 30 °C untersuche ich den Anschuss. Was ich dort finde, lässt mir wieder einmal die Nackenhaare hoch stehen: Teile des Unterkieferknochens, Zähne, die Hälfte der Zunge und Schweiß. Viel Schweiß am Anfang der Fluchtfährte, dann aber schnell weniger.

Der Schütze erklärt mir, er habe die Sau hinter den Teller schießen wollen. Ich will es kurz machen. Wir haben dieses Stück nicht bekommen. Es muss irgendwo elendig unter unsagbaren Schmerzen verendet sein.

Das Schweißen lässt im Allgemeinen rasch nach. Stücke mit solchen Verletzungen ziehen in aller Regel sehr weit. Da die Sau noch alle Läufe benutzen kann, hinterlässt sie auch kein auffälliges Fährtenbild und ist vor allem, wenn es zur Hetze kommt, immer noch schneller als der verfolgende Hund. Eine solch mobile Sau stellt sich nur sehr schwer vor dem Hund.

Nachdem wir völlig fertig und durchgeschwitzt die Suche beendet haben, erkläre ich dem Schützen, dass die Verletzung durchaus zu vermeiden gewesen wäre. Er solle doch dahin zielen, wo auf der Wildscheibe die Zehn platziert ist – nämlich auf dem Blatt! Er verspricht, sich diese Erfahrung zu Herzen zu nehmen.

14 Tage später! Wieder ruft derselbe Mensch mich an und meldet erneut eine Nachsuche. Ich fahre hin. Was ich am Anschuss finde, verschlägt mir fast den Atem: Knochensplitter, Zähne, Leckerteile! Ich kann es nicht fassen. Wieder hat er versucht, hinter den Teller zu schießen. Und wieder endet die Nachsuche erfolglos! Das sind Situationen, die bei mir den Glauben an das Gute im Jäger sehr ins Wanken bringen.

In diesen Augenblicken würde ich am liebsten dem Verursacher meine Faust mitten auf die Nase setzen. Auch Schweißhundführer sind Menschen, die trotz aller Zurückhaltung Emotionen haben. Ich bin als Schweißhundführer kein Polizeibeamter, ich muss und werde auch weiterhin meine Tätigkeit mit sehr viel Diskretion durchführen, aber einem solchen Jäger gehört die Lizenz zum Töten entzogen!

Ein dritter Fall. Am Sonntagmorgen bittet mich per Telefon ein Jagdpächter um eine Nachsuche. Ich fahre mit zwei Helfern zum vereinbarten Treffpunkt. Hier erklärt uns der Schütze, dass er eine Sau auf vierzig Gänge an einer Kirrstelle auf den „Kopf“ geschossen habe. Er schösse die Sauen immer genau „hinter die Augen“!

Auch hier bin ich über eine solche Aussage und Einstellung sehr erschrocken. Wir verfolgen mit *Kira* die Fluchtfährte. Der Fährtenverlauf zeigt bereits die Grausamkeit dieser Verletzung. Völlig unorthodox ist das verletzte Stück Wild gezogen. Es muss getorkelt sein, zieht hin und her, läuft Wegen nach, dreht zurück, kreuzt die Hinfährte und schweißt immer weniger. Letztendlich müssen wir an einer vielbefahrenen Bundesstraße die Verfolgung aufgeben. Wir kommen nicht weiter.

Mittwoch der darauffolgenden Woche: Die Polizeistation aus Daun meldet mir, dass es in der Nähe der Kreisstadt wohl einen Unfall mit einem Stück Schwarzwild gegeben habe. Autofahrer hätten zumindest beobachtet, wie ein Wildschwein torkelnd über eine Wiese entlang der Straße gezogen sei. Der Unfallverursacher sei allerdings unbekannt.

Ich fahre mit einem Begleiter zu besagter Stelle. Wir lassen meine Schweißhündin auf der Wiese vorsuchen. Sie fällt eine Fährte an und zieht in das Bachbett der dort parallel verlaufenden „Lieser“, einem kleinen Fluss, der durch die Kreisstadt führt.

Nach etwa 200 Metern stehen wir vor einer mit Mädesüß und Brennnesseln bewachsenen Uferböschung. Kira beginnt, am Riemen laut zu werden. Die Sau sitzt vor uns. Sie bricht nach hinten aus und wird von meinem Begleiter erlegt.

Das Stück hat ganz offensichtlich eine Schussverletzung. Es ist kein Unfallopfer. Der Einschuss liegt hinter dem linken Licht, der Ausschuss genau auf dem rechten Auge oder besser gesagt dort, wo das Auge einmal war. Im gesamten Schusskanal wimmeln die Maden. Es ist nach Lage der Dinge genau die Sau, die wir am Wochenende zuvor erfolglos nachgesucht haben. Der Anschuss liegt von der jetzigen Erlegungsstelle etwa vier Kilometer entfernt.

Es ist eines der grausamsten Bilder, die mir in meiner jahrzehntelangen Tätigkeit als Nachsuchenführer begegnet sind. Was hat dieses Tier in den letzten Tagen alles mitmachen müssen? Halb Blind, unsagbare Schmerzen, Fieber, Durst und Hunger! Es war wieder einmal eine Situation, in der ich die Tränen nicht unterdrücken konnte.

Ich habe viele Gebrechschüsse und auch den ein oder anderen Äserschuss nachsuchen müssen. Wir haben auch zahlreiche Suchen dieser Art erfolgreich abgeschlossen. Aber in der Gesamtbilanz überwiegen doch die Fehlsuchen.

Ich will richtig verstanden werden: Ich verurteile nicht, dass diese Schusstreffer vorkommen. Ich appelliere aber immer wieder an die Jäger, dass sie diese Verletzungen so weit wie möglich vermeiden müssen. Der sicherste Weg ist nun mal, wenn man nicht versucht, das Wild auf Haupt oder Hals zu treffen, sondern dorthin, wo der Schuss immer tödlich wirkt – und das ist unzweifelhaft die Kammer!

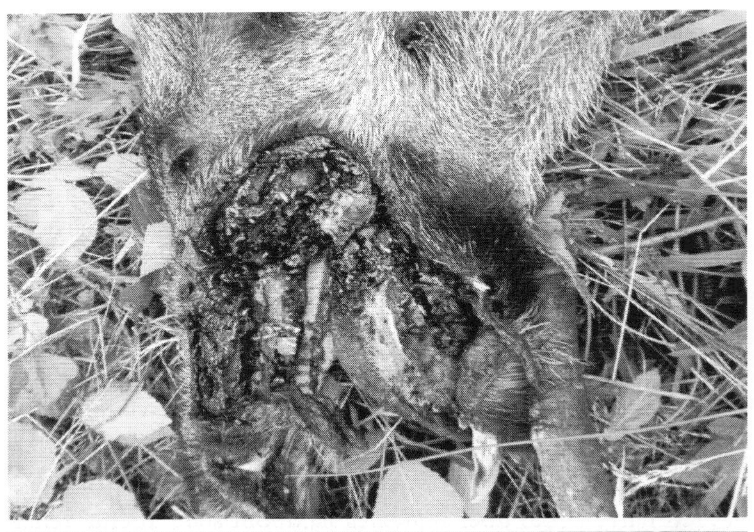

Gebrechschüsse *Fotos: Johannes Gödert, Zerf*

GEDANKEN EINES SCHWEISSHUNDFÜHRERS

Vor einiger Zeit wurde ich gebeten, einen Vortrag anlässlich einer Veranstaltung eines Jagdgebrauchhundevereins im Bergischen Land zu halten. Sicher hätte ich verschiedenste jagdpolitische Themen zum Inhalt dieser Rede machen können. Da es sich bei den Zuhörern aber überwiegend um Hundeleute handelte, war mir sehr daran gelegen, aus dem Empfinden, der Motivation und den Beweggründen eines Schweißhundführers zu erzählen. Folgende Gedanken habe ich meinem Publikum vorgetragen:

„Ich hätte heute über manches jagdpolitische Thema reden können, aber mein jägerisches Herz liegt da, wozu Sie sich ja auch alle heute hier versammelt haben. Das sind Schweißhunde und Nachsuchen. Seit nunmehr mehr als fünf Jahrzehnten folge ich meinen Hunden am langen Riemen und in diesem halben Jahrhundert habe ich natürlich einiges an Erlebnissen, Erfahrung, Wissen und Erkenntnisse über und in der Jagd gesammelt. Aus dieser Erfahrung werde ich heute einiges vortragen.

Nachsuche ist die vornehmste Pflicht eines jeden Jägers! So lehrten es bereits in den vergangenen Jahrzehnten die Altmeister der Schweißhundführung, wie zum Beispiel Walter Frevert oder Konrad Andreas, die lange Zeit Vorsitzender bzw. Zuchtwart des Vereins Hirschmann waren. An dieser Forderung hat sich bis heute nichts geändert.

Wenn wir den Begriff „Nachsuche“ näher betrachten, so beinhaltet er im jagdlichen Bereich nichts anderes als die Suche nach einem bestimmten Stück Wild. Hierbei geht es nicht um ein gesundes, sondern um ein krankes, meist verletztes Tier. Nachsuche hat also das Ziel, ein verletztes Stück Wild aufzufinden und zu erlegen, um damit dessen Leiden zu beenden und das Wildbret und eventuell eine Trophäe zu bergen. Dies gilt übrigens für alles von uns bejagte Wild – vom Fasan bis zum Rothirsch.

Nachsuchen auf verschiedene Wildarten erfordern aber auch die dafür geeigneten Hunde. Deshalb werden von den Jägern seit über 100 Jahren Hunderassen gezüchtet, die den speziellen Anforderungen der Praxis gerecht werden. Nachsuchen auf einen geflügelten Fasanenhahn stellen zum Beispiel andere Anforderungen als die auf einen laufkranken Rehbock oder eine weidwunde Sau.

Ich werde mich hier und heute ausschließlich mit der Nachsuche auf Schalenwild befassen: Wir erlegen heute in Deutschland rund 70 000 Stück Rotwild, 63 000 Stück Damwild, 8 000 Muffel, 600 000 Stück Schwarzwild und rund 1,2 Millionen Rehe, also insgesamt etwa zwei Millionen Stück Schalenwild. Nach den Statistiken bleiben etwa zehn Prozent des beschossenen Wildes nicht am Anschuss, das bedeutet, dass mindestens 200 000 Stück Schalenwild jährlich nachgesucht werden müssen, meistens durch den Einsatz von Jagdhunden.

Sicherlich sind die gesuchten und gefundenen Stücke nicht alle das Ergebnis schwierigster Hundeeinsätze. Nicht berücksichtigt sind hier auch die vielen Kontroll- und Fehlsuchen, die fast noch mal die gleiche Größenordnung ausmachen. Dies vorweg zum Gesamtumfang, wenn wir über Nachsuchen auf Schalenwild reden.

Nachsuchenarbeit ist praktizierter Tierschutz. Wir werden auch bei noch so guter Ausbildung, Schießfertigkeiten und Optik schlechte Schüsse nicht gänzlich vermeiden können. Insofern werden gute und zuverlässige Schweißhundeteams immer zur Ausübung waidgerechter Jagd notwendig sein.

Als ich mit 14 Jahren meinen ersten Jagdhund überörtlich auf Schweiß führte, steckte das Nachsuchenwesen in meiner Heimat noch in den Kinderschuhen. Nachsuchen bzw. Schweißhundeführer kannte man nur in den großen Rotwildrevieren. In Rehwildrevieren mit sporadisch vorkommenden Sauen wurde mit Hunden nachgesucht, wie sie eben vorhanden waren.

Ich erinnere mich gut, als mir immer wieder erzählt wurde, dass Sauen mit Laufschuss praktisch nicht zur Strecke zu bringen wären. Solche Aussagen beruhten natürlich auf der Erfahrung, die die Jäger mit dem Einsatz nicht oder nur wenig erfahrener und auf Schweiß eingearbeiteter Hunde gemacht hatten. Erwähnt sei hier, dass die Erfolgsquote bei Laufschüssen auf Schwarzwild in den von mir seit dem Jahr 1979 geführten Aufzeichnungen aller Nachsucheneinsätze bei 70 Prozent liegt.

Gerade in den Siebziger- und Anfang der Achtzigerjahre hat dann das Nachsuchenwesen durch die stark angestiegenen Schwarzwildvorkommen einen riesigen Aufschwung erfahren.

Die gute Arbeit zahlreicher Schweißhundeteams lieferten mit ihren Einsätzen überzeugende Argumente für fachgerechtes und verantwortungsvolles Nachsuchen. Selbst der Gesetzgeber hat die Notwendigkeit ordnungsgemäßer Nachsuchen erkannt und in zahlreichen Jagdgesetzen Nachsuchenpflicht und revierübergreifende Folge krank geschossenen Wildes verankert. Unter anderem auch durch die Einführung sogenannter „anerkannter Schweißhundeführer“, die revierübergreifend nachsuchen dürfen.

Nachsuchen durch spezialisierte Hunde wurden und werden auch heute noch vielfach nur mit Hochwild in Verbindung gebracht. Ich denke hier besonders an die reinen Schweißhundrassen, den Hannoverschen Schweißhund (HS) und den Bayerischen Gebirgsschweißhund (BGS). Der Rehwildnachsuche wird leider nicht die gleiche Beachtung geschenkt wie bei den anderen Schalenwildarten. Beim Schwarzwild trifft diese Aussage aber vielerorts auch nur bedingt zu. Ich komme darauf noch einmal zurück.

Rehwildnachsuchen sind übrigens mit die schwierigsten Suchen überhaupt. Sie erfordern einen perfekten Riemenarbeiter und einen wildscharfen schnellen Hetzhund. Ich spreche hier von den Nachsuchen, bei denen das Reh nicht im Umkreis von 100 Metern verendet liegt. 80 Prozent meiner Rehwildnachsuchen waren mit einer Hetze verbunden.

Wo stehen wir heute genau? In den meisten Landesjagdgesetzen wird die unterlassene Nachsuche unter Strafe gestellt. Dazu hat es auch in der Rechtssprechung einschlägige Urteile gegeben. So ist auch die Nachsuche mit nichtspezialisierten, unerfahrenen oder schlecht ausgebildeten Hunden keine Nachsuche im Sinne des Gesetzes (Urteil Amtsgericht Daun aus 2006).

Nachsuchen fallen durch immer weiter ansteigende Schalenwildbestände vermehrt an. Werden sie aber auch ordnungsgemäß und fachgerecht durchgeführt? Ich neige dazu, dies eher mit „Nein" zu beantworten. Auch haben die heute und einst von mir „erfundenen", mittlerweile bundesweit durchgeführten Anschussseminare nicht den erhofften Durchbruch gebracht. Ganz im Gegenteil! Vielerorts haben sich Hobby- und Freizeithundeführer dort einiges an Informationen geholt und dienen sich nun mit „größerem Wissen" der Jägerschaft als Schweißhundeführer an.

Ohne Zweifel brauchen wir Nachwuchs in der professionellen Nachsuchenarbeit. Die Führer müssen aber auch bestimmte Voraussetzungen mitbringen. Da ist nicht nur der Hund entscheidend, der Führer muss abkömmlich und körperlich wie charakterlich der Aufgabe gewachsen sein. Was meine ich damit? Körperliche Fitness ist logisch, denn wer will sonst der Krankfährte bergauf, bergab folgen, wenn die Person schon in der Ebene Schwierigkeiten mit der Fortbewegung hat. Nachsuchenführer sollen aber auch charakterlich integer sein. Tierschutzrelevantes Handeln und Waidgerechtigkeit müssen auch vorgelebt werden.

Hundeführer sind auch dann gut, wenn sie die Grenzen ihres eigenen Hundes erkennen und danach handeln. Schweißhundführer sind keine Polizeibeamten. Sie haben einen Auftrag, der ausschließlich auf die Suche kranken, verletzten Wildes abgestellt ist.

Das zu finden und zu erlösen, ist ihr alleiniger Auftrag. Diskretion ist deshalb absolutes Gebot, ohne dabei rechtswidrige Dinge für gut und richtig heißen zu wollen.

Lassen Sie mich einige Gedanken auf unsere Schweißhunde verwenden: Spätestens seit Öffnung des „Eisernen Vorhanges“ hat eine wahre Flut von Schweißhunden aus dem Osten eingesetzt. Zwischenzeitlich züchten aber auch viele in Deutschland an den Schweißhund-Zuchtvereinen vorbei. Wenn ich mich heute so umschaue, dann entdecke ich in jedem zweiten Revier mit Schalenwild die Anwesenheit eines solchen Hundes. Viele der Besitzer glauben in der Tat, dass sich allein durch die Zugehörigkeit zu einer Schweißhundrasse ein brauchbarer Hund in ihren Händen befindet. Über diesen Irrtum muss ich leider immer wieder viele Jäger aufklären.

Ein Schweißhund entwickelt sich – ebenso wie sein Führer – durch Erfahrung. Erfahrung aber muss man sammeln, man kann sie weder kaufen noch theoretisch erlernen! Wer nicht genügend Einsatzmöglichkeiten hat, kann auch nicht zu einem Top-Nachsuchengespann heranwachsen.

Wenn man sich das Nachsuchenaufkommen wie einen Kuchen vorstellt, wird klar: Je mehr Personen sich diesen Kuchen teilen, umso weniger bekommt der einzelne davon ab. Bezogen auf die Nachsuchen bedeutet das: Je mehr Hundeführer in einem bestimmten Gebiet für Nachsuchen zur Verfügung stehen, umso weniger Einsätze wird der einzelne haben, umso weniger wird das Team an Erfahrung sammeln können.

Auch ich spüre diese Entwicklung in den letzten Jahren. War früher an den Wochenenden mein Haupteinsatz, so hat sich das gravierend geändert. An den Samstagen weilen überwiegend die auswärts wohnenden Jäger im Revier. In der Zeit habe ich mit Ausnahme der Zeit der herbstlichen Drückjagden die wenigsten Einsätze. Warum ist das so?

Am Wochenende geht's ab ins Eifelrevier. Der „Schweißhund“ ist natürlich dabei und soll auch im Bedarfsfall seinen

Einsatz bekommen. Am Samstag wird mit dem eigenen Hund nachgesucht! Auch wenn der die ganze Woche im städtischen Hundeauslaufgebiet oder auf der „KÖ“ in Düsseldorf flanieren ging, abgefüllt mit Auspuffgasen und Parfüm! Man hat doch einen Schweißhund! Wird das krank geschossene Stück nicht gefunden, ist es eben nicht zu kriegen. Basta! Diese vermehrt festzustellende Handlungsweise beschert zusätzlich vielen Wildtieren erhebliches Leid.

Nun ist es aber nicht so, dass die anerkannten Nachsuchenführer jedes verletzte Stück zur Strecke bringen. Oh nein! Auch wir kochen nur mit Wasser. Aber die Chance, ein verletztes Stück noch zu finden, ist mit unseren erfahrenen, ständig im Einsatz befindlichen Hunden wesentlich größer. Leider erkennen viele Jäger diesen Unterschied nicht. Für sie ist halt Schweißhund gleich Schweißhund, allein deshalb, weil sie ja fast alle gleich aussehen. Dass auch der Führer etwa ein Drittel des Erfolges ausmacht, ist vielen nicht bekannt.

Ja, und dann ist da noch die Einstellung zur Kreatur selbst. Als Schwarzwild noch eine große Seltenheit in den meisten Jagdbezirken war, wurde jedes beschossene Stück akribisch nachgesucht. Heute wird speziell bei Sauen in manchem Revier diese Sorgfalt bei Weitem nicht mehr so an den Tag gelegt. Findet man den Frischling mit dem eigenen Hund nicht, wird nichts weiter unternommen, denn es gibt ja so viel Schwarzwild. Morgen schießt man ein anderes Stück! Und ökonomisch betrachtet – naja. So ein Frischling bringt doch vielleicht gerade mal 50 Euro in die Kasse. Beim Schweißhundführer kommen noch die Fahrtkosten dazu – das rechnet sich nicht!

Es ist nicht nur eine stark verbreitete Oberflächlichkeit und fehlendes Verantwortungsbewusstsein festzustellen, sondern auch oft ein erschreckendes Defizit an Kenntnissen. Zu oft werden gewagte Schüsse abgegeben. Wo viel Wildschaden entsteht, ist man auch öfter bereit, zur Wildschadensverhütung einen Schuss auf einen „schwarzen Klumpen" zu wagen. Beispiele dafür könnte ich genügend nennen. Da fallen ehrlich und ordentlich jagende Frauen und Männer vom Glauben ab!

Die permanent gemachten Vorwürfe an die Jägerschaft, dass die Schalenwildbestände überhöht und nur ein totes Reh oder ein toter Hirsch ein gutes Reh oder Hirsch sei, haben ebenfalls ihren Anteil an dieser Entwicklung. Die Sorgfaltspflicht lässt nach, die Risikobereitschaft bei der Schussabgabe steigt. Wenn ein Reh zu schnell ist zum Ansprechen, dann ist es auch zu schnell, um eine saubere Kugel anzutragen.

Ich komme heute immer seltener als erster Hundeführer zu einem Anschuss. In den meisten Fällen war oder waren schon mehrere andere Hunde im Einsatz. Das mindert die Erfolgschance der Spezialisten. Vielen Jagdhunden fehlen Einsatzmöglichkeiten aus Mangel an Niederwild. So werden sie auf Nachsuchen umprogrammiert. Deshalb müssen die Hunde anerkannter Nachsuchenführer noch leistungsstärker sein. Sie müssen aus der Masse der Nachsuchenhunde herausstechen.

Nicht zu vergessen sind die Risiken der Schweißhundführer. Sie sind in den letzten Jahren erheblich größer geworden. Viele Jäger machen sich nur wenig Gedanken, welchen Gefahren das Nachsuchengespann ausgesetzt ist.

Da sind zum einen die Verletzungen, die das angeschweißte Stück dem Hund zufügen kann. Die Sauen verhalten sich eindeutig aggressiver gegenüber dem Hund und beim Stellen auch gegenüber dem Menschen. Woran das liegt, darüber kann man nur spekulieren. Es ist aber nicht von der Hand zu weisen, dass bei vermehrt abgehaltenen Drückjagden, zum Teil mit unerfahrenen und nicht genügend wildscharfen Hunden, wehrhafte Sauen die Erfahrung gemacht haben, dass es günstiger ist, sich zu wehren, als die Deckung zu verlassen. Sie lernen, dass sie Hunde abschlagen können und setzen diese Erfahrung, gerade wenn sie verletzt sind, auch gegenüber dem Schweißhund ein.

Zu Beginn meiner Laufbahn als Schweißhundemann habe ich mir wenig Gedanken über meinen persönlichen Schutz gemacht. Heute weiß ich, dass stichfeste Beinlingen für mich und eine Schutzweste für den Hund keine übertriebenen Vorsorgemaßnahmen sind. Insbesondere nach eigener Erfahrung mit drei verletzten Personen innerhalb eines Jahres, zu denen ich auch selber zählte.

Eine wenig beachtete Gefahr geht auch durch Krankheitsübertragungen vom Wildtier zum Hund aus. Hier ist insbesondere die für Hunde fast immer tödlich verlaufende Aujeszkysche Krankheit zu nennen.

Eine weitaus größere Gefahr aber ist der zunehmende Verkehr. Das Straßennetz wird immer dichter und der Verkehr immer stärker. Waren früher kleine Verbindungsstraßen zwischen zwei Orten kaum befahren, so sind gerade heute genau diese engen und kurvenreichen Sträßchen die beliebtesten „Rennstrecken", speziell für Motorradfahrer.

Eine Nachsuche bleibt hinsichtlich der Gefahren so lange berechenbar, wie sich der Hund am Riemen befindet. Wird das verletzte Stück aber aus dem Wundbett flüchtig, muss in aller Regel der Hund geschnallt werden, um es zu stellen. Vom Zeitpunkt des Schnallens an ist für den Schweißhundführer der Nachsuchenverlauf nicht mehr steuerbar. Wenn die Hetze eine Straße quert, entsteht ein enormes Risiko für alle Beteiligten.

Schon der Verlust eines Hundes ist bitter genug. Kommen aber durch den Verkehrsunfall auch noch Personen zu Schaden, eröffnet sich neben der moralischen Belastung noch eine juristische Dimension. Die Gefahr, dass Personen sich verletzen, ist natürlich umso größer, wenn ein Motorrad in den Unfall involviert ist.

Es ist mein Alptraum, dass so etwas passieren könnte. Nicht nur der Verlust des geliebten eigenen Hundes ist zu beklagen, viel schlimmer wird es noch, wenn Menschen durch das Schnallen zu Schaden gekommen sind. Dann stellt sich unvermeidlich die Schuldfrage.

Da sich bei Personenschäden immer die Staatsanwaltschaft einschaltet, habe ich als Hundeführer mit einer Anzeige wegen gefährlichen Eingriffs in den Straßenverkehr und mit gefährlicher Körperverletzung zu rechnen. Wenn das Schnallen in einer Nähe von weniger als 300 Metern zur Straße erfolgte, dann kann dem Hundeführer auch grobe Fahrlässigkeit vorgeworfen werden. Ist der Schweißhundführer Beamter, schließt sich gegebenenfalls noch ein Disziplinarverfahren an. Verantwortlich während einer Nachsuche ist immer der Hundeführer selbst.

Vielen Jägern ist diese Gefahr nicht immer bewusst. Daher ist es wichtig, dass an der Nachsuche möglichst alle im Revier befindlichen Jäger teilnehmen. Manche Hetze könnte vermieden werden, wenn es Jäger gibt, die eine Dickung mit abstellen, in der sich voraussichtlich das beschossene Stück gesteckt hat. Dass natürlich nur dann geschossen werden darf, wenn keine Gefahr für andere, einschließlich des eingesetzten Schweißhundes besteht, versteht sich von selbst. Der Fangschuss am gestellten Stück ist aber grundsätzlich und ausschließlich Sache des Hundeführers.

Im Bewusstsein dieser Gefahren verringerte sich in den letzten Jahren die Erfolgsquote. In vielen Fällen konnte ich den Hund nicht vom Riemen lassen, wenn das kranke Stück vor uns wegbrach, weil eine stark befahrene Straße in unmittelbarer Nähe vorbeiführte. Wir haben manches Mal eine Straße durch die Polizei kurzfristig sperren lassen. Das ist aber nur dann möglich, wenn wir genau wissen, dass sich das verletzte Stück unmittelbar vor uns befindet. Heute werden für solche Aktionen die Kosten von der Polizei in Rechnung gestellt. Dies sei nur am Rande erwähnt, denn der Versuch, das Leiden eines Tieres zu beenden, sollte nicht an den Kosten scheitern. Mit etwas Wehmut denke ich an die Zeiten zurück, als wir auf all diese Gefahren weniger Rücksicht nehmen mussten, weil es sie einfach so nicht gab.

Nachsuchenarbeit ist praktizierter Tierschutz! Nachsuchenarbeit hat natürlich auch mit Passion und Jagdtrieb zu tun. Es ist auch die

Liebe und Faszination zum Hund und seiner Leistungsfähigkeit. Die Beurteilung der Leistung auf der Nachsuche selbst ist immer subjektiv. Der erfolgreiche Führer wird immer das Level höher ansetzen als der weniger erfolgreiche oder der unerfahrene Jäger. Welche Leistungen Hunde wirklich vollbringen können, weiß man nur, wenn man im Leben das Glück hatte, wirkliche Spitzenhunde zu führen.

Ich hatte dieses Glück und denke gerne und voller Stolz an meine verschiedensten Hunde, die da hießen: *Treu vom Kanonenturm, Edda vom Lützelsoon, Asam von der Steinrausch* oder aber die wohl größte und stärkste von allen auf der Schweißfährte meine *Viza von Javornicke-Louky*, genannt *Kira*. Ihre Enkelin *Birka* führe ich heute mit dem Willen und im Wissen, dass auch sie sich zu einem der großen Spitzenhunde entwickeln kann.

Die Schweißarbeit ist schwerer geworden – nicht wegen fehlenden Wildes oder wegen fehlender Einsatzmöglichkeiten, nein, wegen der äußeren Umstände, die mich als Schweißhundführer oft nicht die Handlungen vollziehen lassen, die aus meiner Erfahrung notwendig wären. Dadurch bleibt der Erfolg manchmal aus, das Stück Wild aber leidet weiter!

Es wird auch nicht mehr in gleichem Maße das benötigt, was noch die alten Jagdkynologen als höchste Hundeabrichtung lehrten, nämlich das Totverbellen oder Bringselverweisen. Moderne Peil- und Ortungsgeräte lassen uns Hetzverlauf und Standort des Hundes genau lokalisieren. Handy und Sprechfunk haben die Nachsuchenarbeit erleichtert. Geländegängige Fahrzeuge und weitgehend erschlossene Waldgebiete machen das Verfolgen einer Hatz einfacher. Auch das sind Gedanken, die in meinem Rückblick ihren Platz finden.

Aber bei all der Technik darf das Bewusstsein zur verantwortungsvollen Abrichtung und Führung eines Jagdhundes nicht verloren gehen. Die Faszination über das, was unsere Hunde zu leisten imstande sind, ist ein wesentlicher Baustein in unserem Bemühen um erfolgreiches Nachsuchen.

Aber nicht zuletzt ist es auch Mitleid mit der verletzten Kreatur. Wer den Beitrag meines Freundes Seeben Arjes mit dem Titel „Die bewirtschafteten Augen“ gelesen hat, weiß, was ein mit dem Wild eng verbundener Schweißhundführer fühlt. Mit den in diesem Artikel feinfühlig geschilderten Empfindungen solidarisiere ich mich im vollen Umfang.

Auch ich habe bei so manchem Stück, wenn es verletzt vor mir saß oder vom Hund gestellt wurde, die Angst und den Schmerz im Auge erkennen können. Ich erinnere mich an die Bache, wie sie ein letztes Mal ihre Frischlinge säugen ließ. Ich habe Schwarzwild-Mütter erlebt, die schwerst getroffen noch ihre Frischlinge verteidigten. Ich kenne all das Leid und fühle zunehmend mit diesen Tieren. Vielleicht ist das aber auch schon eine Erscheinung zunehmenden Alters.

Bei all diesen Erfahrungen, deren Ursache zunehmend in schlecht ausgebildeter Jägerei, in Mitleidlosigkeit für das Wild, in jagdlicher Rücksichtslosigkeit und noch vielen anderen Dingen begründet liegen, verliert man leicht den Blick auf die guten, anständigen, verantwortungsbewussten Jäger. Das ist in der Tat bei mir ein Problem geworden. Manchmal ist es nicht mehr zu ertragen und manchmal muss ich mir auch die eine oder andere Träne verdrücken.

Ich habe gelernt, das Geschehen einer Nachsuche sehr schnell zu verdrängen. Nicht mehr über alle Einzelheiten nachzudenken, wie es dem verletzten Stück in den letzten Stunden und Minuten ergangen sein mag, was es fühlte, welch ungeheure Panik es erfasste, als Hund und Mensch sich mit eindeutigen Absichten näherten. Ich darf, ebenso wie ein Arzt, nicht mit jeder Kreatur selber sterben. So mancher mag denken, das ist sentimental, so empfindet ein Jäger nicht. Ich schon und, wie bereits gesagt, mit zunehmendem Alter häufiger und intensiver.

Viele Menschen denken, Nachsuchen sind spannend und erlebnisreich. Manche bezeichnen sie sogar als Krone des Waidwerks.

Mag so sein. Aber nur wenige kennen die andere Seite. Es ist wahrlich nicht immer vergnügungssteuerpflichtig, wenn man bei schlimmstem Sauwetter durch Schwarzdorn und Brombeere kriecht, zerschunden und durchnässt ist und am Ende erfolglos aufgeben muss. Wenn dies gleich ein paar Mal hintereinander geschieht, dann braucht man eine gewisse Wesensfestigkeit, um immer wieder anzutreten.

Meine Gedanken sind nicht die eines bereits im Ruhestand befindlichen Nachsuchenführers. Sie bewegen mich eigentlich jeden Tag, denn noch bewege ich mich aktiv in diesem Umfeld, noch bin ich glücklicherweise körperlich fit genug, um der roten Fährte folgen zu können. Ich hoffe, dass dies noch viele Jahre so bleibt, um meine Erfahrung zum Wohle des Wildes und zur Ausbildung von interessierten jungen Jägern einzubringen.

Den Hundeführern auf dieser Verbandsschweißprüfung wünsche ich viel Suchenglück am morgigen Prüfungstag. Genießen Sie die Leistungsfähigkeit ihrer Hunde, beachten Sie aber auch deren Grenzen im jagdlichen Einsatz. Bedenken Sie immer, dass Nachsuchenarbeit keine Selbstbestätigung, sondern Dienst am Wild ist. In diesem Sinne danke ich, dass ich hier und heute einmal mehr oder weniger unsortiert meine Gedanken zur Nachsuche vortragen durfte und sie so aufmerksam zuhörten. Vielen Dank!"

NACHWORT

Viele Freunde und Bekannte haben mich schon seit Jahren bedrängt, ein Buch über meine Erlebnisse und Erfahrungen zu schreiben. Das habe ich immer wieder zugesagt, wobei der Titel dieses Buches bereits schon sehr lange feststand: „Auf den Knien durch die Eifel“. Aber erst nach Ende meiner Dienstzeit habe ich die Muße dazu gefunden.

Es ist nicht möglich, alle Begebenheiten zu erfassen. Ich habe versucht, mein Leben, meine Erfahrungen und die Arbeit mit meinen Hunden facettenartig darzustellen. Mein Leben drehte sich sehr stark um fachgerechte Hundeführung, aber auch um sehr viele jagdpolitische Themen.

48 Jahre lang habe ich den Beruf des Försters ausüben dürfen. Ich habe dies mit sehr großer Freude und Begeisterung getan. Ich habe das Glück gehabt, 34 Jahre den Wald meiner Heimatgemeinde Kelberg zu betreuen. Ich habe wunderbare Laubholzbestände neu begründet, Altbestände gepflegt und genutzt.

Es war mir nicht nur gestattet, sondern von mir auch gefordert, dass ich während meiner gesamten Dienstzeit Schweißhunde zur Nachsuche führe. Beides konnte ich sehr gut miteinander verknüpfen. Hierbei wurde ich unterstützt von meinen Kollegen der Forstämter Kelberg und Hillesheim, aber auch insbesondere von all meinen Dienstvorgesetzten. Dafür möchte ich mich an dieser Stelle noch mal herzlich bedanken.

Mein Dank gilt aber auch den Landesforsten. Rheinland-Pfalz war das erste Bundesland, in dem Schweißhundführer materiell und ideell in ihrer Tätigkeit unterstützt wurden. Es wurden die

Voraussetzungen geschaffen, damit Forstbeamte auch während der Dienstzeit Nachsuchen durchführen können.

Danken will ich auch allen meinen Helfern, die mich seit Jahrzehnten begleitet und mir bei zahlreichen Nachsuchen helfend zur Seite standen. Hier möchte ich besonders erwähnen: Ingrid, Richard, Fred, Michael, Nico, Carlo, Daniel, Christian, Tim, Felix und Gunter.

Was wäre aber gewesen, wenn ich nicht in ungezählten Fällen die Menschen zur Seite gehabt hätte, die mir immer wieder die Hunde nach schweren Verletzungen behandelt, genäht und betreut haben. Vor allem ohne die Familie Dr. Bürgener hätte ich manchen Hund viel früher verloren. Ich denke an meinen alten Freund Kurt, der leider schon vor Jahren verstorben ist, sowie an Sabine und Gunter.

Aber alles wäre nicht möglich gewesen, wenn nicht meine Familie stets hinter mir gestanden hätte. Wie viele gesellschaftliche und private Verpflichtungen habe ich im letzten Moment absagen müssen, weil eine Nachsuche dazwischenkam. Und immer hat meine Frau dafür vollstes Verständnis aufgebracht und bringt es noch immer auf. Ihr Motto lautet nach wie vor: „Das Leid des verletzten Tieres ist schlimmer als der Verzicht auf eine gemeinsame Feier."

Ich möchte aber auch allen anderen Schweißhundführern danken, die sich in gleicher Weise für die verletzten Tiere einsetzen und immer wieder ihre eigene und die Gesundheit der Hunde dabei riskieren.

Doch was nützen die besten Schweißhunde, wenn die Jäger, denen draußen im Revier ein Schuss misslungen ist, diese Hunde nicht zur Nachsuche anfordern. All denen, die verantwortungsbewusst mit unseren Mitgeschöpfen umgehen, sei hier noch mal ganz besonders gedankt. Leider ist dieses Verhalten kein Allgemeingut mehr.

Ich habe viel Negatives erlebt und erfahren. Ich habe manches Mal den Glauben an die guten Jäger verloren. Ich meine damit nicht diejenigen, denen mal ein Treffer nicht so gelingt, die dann aber alles unternehmen, um die Folgen für das Wild möglichst schnell

*Auch hiermit wurde die Liebe zu Wildschweinen gefestigt:
Verfasser mit Frischling*

Die Liebe zu Wildschweinen – Verfasser mit handaufgezogenem Frischling

zu beenden. Nein, ich meine die, die leichtsinnig, mitleidlos und oberflächlich unser Wild behandeln. Es ist wichtig und richtig, dass wir Wild bejagen. Aber anständig mit Wildtieren umzugehen, war und ist der Kern meines Handelns – sowohl als Hundeführer als auch in meinem jagdpolitischen Engagement.

Dafür werde ich auch weiterhin auf die Knie gehen und tief durch dunkle Dornenbüsche kriechen und versuchen, so zum Erfolg zu kommen.

Bernd Krewer

Grüne Gedanken

über Wald und Wild,
Jagd und Hunde

mit Beiträgen von S.D. Johannes Erbprinz von Schwarzenberg und Dr. Jörg Mangold

Hardcover, 184 Seiten
Format: 13,2 x 21 cm
Zeichnungen und Skizzen von Jörg Mangold
ISBN 978-3-7888-1884-5

Nein, früher war zwar vieles, aber eben doch nicht alles besser!

Bernd Krewer und seine Co-Autoren S.D. Johannes Erbprinz von Schwarzenberg und Dr. Jörg Mangold unternehmen den Vergleich von Früher und Heute, reisen dabei aber nicht bis ins Mittelalter zurück, sondern bleiben in wirklich (literarisch) belegbaren Zeiträumen. Dabei hinterfragen sie Dinge wie: Wald vor Wild oder Wald mit Wild? Wo der Wolf jagt, wächst der Wald? Nur ein totes Reh ist ein gutes Reh? Oder: Jagdkultur – Leuchtturm oder Ballast?

Dem geneigten Leser sei gesagt: Dieses Buch ist keine leichte Schonkost! Doch wenn es gelingt, viele (Jäger) zum Nach- und vielleicht sogar zum Umdenken anzuregen, dann hat dieses Buch seinen Zweck erfüllt.

c/o NJN Media AG
Schwalbenweg 1
D-34212 Melsungen
Tel. 05661.9262-0 Fax 05661.9262-20
info@neumann-neudamm.de www.neumann-neudamm.de

Bernd Krewer

Grüne Begegnungen
mit besonderen Jägern und Wildtieren

Hardcover, 200 Seiten
Format: 13,2 x 21 cm
Zeichnungen und Skizzen von Jörg Mangold
ISBN 978-3-7888-1806-7

Im Laufe eines langen Lebens als Forstmann und Jäger begegnet man vielen Menschen. Dass die meisten von ihnen einen Bezug zur Jagd und zum Wald hatten, brachte der Beruf so mit sich. Manche Begegnungen waren nur kurze Episoden, aus vielen haben sich aber auch lebenslange Freundschaften entwickelt. Weil viele dieser über die Jagd oder den Wald gewonnenen Freunde schon in den ewigen Jagdgründen weilen, möchte der Autor ihnen ein kleines Denkmal setzen.

Bernd Krewer erzählt von vielen ganz persönlichen Begegnungen und Erlebnissen mit Forstkollegen und Jägern, die in seinem Leben eine besondere und manchmal auch prägende Rolle gespielt haben. Und auch von Begegnungen mit besonderen Wildtieren in heimischen Revieren und in den Wildbahnen ferner Länder, in denen er jagen durfte.

c/o NJN Media AG
Schwalbenweg 1
D-34212 Melsungen
Tel. 05661.9262-0 Fax 05661.9262-20
info@neumann-neudamm.de www.neumann-neudamm.de